LE CORDON BLEU

糕點聖經

Desserts

法國藍帶廚藝學院

系列名稱 / 法國藍帶
書　名 / 糕點聖經
作　者 / 法國藍帶廚藝學院
出版者 / 大境文化事業有限公司
發行人 / 趙天德
總編輯 / 車東蔚
文　編 / 編輯部
美　編 / R.C. Work Shop
翻　譯 / 胡淑華
地址 / 台北市雨聲街77號1樓
TEL / (02)2838-7996
FAX / (02)2836-0028
初版日期 / 2008年12月
定　價 / 新台幣1100元
ISBN / 978-957-0410-73-0
書　號 / 11

讀者專線 / (02)2836-0069
www.ecook.com.tw
E-mail / editor@ecook.com.tw
劃撥帳號 / 19260956大境文化事業有限公司

原著作名 Desserts
作者 法國藍帶廚藝學院
原出版者　Carroll & Brown Publishers Limited

國家圖書館出版品預行編目資料
糕點聖經
法國藍帶廚藝學院　著；--初版.--臺北市
大境文化，2008[民97] 224面；22×28公分.
（法國藍帶系列：LCB 11）
ISBN 978-957-0410-73-0（精裝）
1.點心食譜　2.法國
427.16　　　　97016871

CONTENTS

前言 INTRODUCTION

無論你的廚藝等級如何，專精哪方面的料理，
只要跟著知名法國藍帶廚藝學院的主廚們，遵照他們透露的秘訣，
學習他們製作甜點的風格，你也能做出完美的糕點。

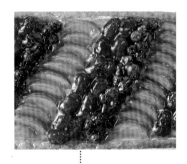

甜點是一餐的臨別禮物，在視覺上和味覺上都應達到和諧的完美，
為這一餐完成畫龍點睛的效果。法國藍帶廚藝學院《法國糕點聖經》
把本院32位主廚的專業帶入您的廚房，他們來自世界各地的廚藝學校，
包括法國、英國、日本、澳洲和北美洲。本書毫不藏私、完全揭露了
法式糕點（the Pâtissière）製作的驚人奧秘。法國藍帶廚藝學院一向
自豪於堅持料理的最高水準，尤其是設計別緻出色的甜點，為了使您
能夠成功做出最佳的甜點，這些最傑出的主廚在本書中傾囊相授。

本書是協助您掌握甜點製作技巧的終極指南。全彩內文先說明製作甜點需要的設備，
它們的用途和使用方法，進而引導讀者進入整套廚具(batterie de cuisine)的專業
領域，章節的其餘部分則說明前置作業中不斷出現的基本技巧。而針對水果的準備、
派皮(pastries)的製作、砂糖和巧克力的添加、各種醬汁、霜飾(icings)、餡料(fillings)
的完成，都有基本要點的提示，即使是對下廚沒有信心的人，也能輕鬆掌握。我們
想強調的是，只要技巧正確，注意細節，許多甜點都能簡單地完成。

各章是由甜點的種類來編排的，並涵蓋了各式各類的做法，由儉入繁。我們蒐羅了
廣泛的經典食譜，從冷凍糕點(frozen specialties)、水果甜點、起士甜點、海綿蛋糕、
蛋糕(gateaux)、到酵母類製品，一網打盡。各章的骨幹以技巧導向的說明為主，先說
明傳統和現代甜點的基本要點，再介紹簡單的準備方法，以此鋪陳出較花俏的作品，
循序漸進地，使初學者能夠毫無困難地學習其技巧；而對自己的廚藝比較有信心的，
若不想按表操課，也能利用圖片作為記憶的輔助(aide
memoire)，來準備熟悉的點心，或是作為新創作的靈感。
無論是那一種階段，都有實例介紹，如何將作法簡單的甜點
用更精緻的方式呈現出來。

本書可作為絕佳的靈感來源。
研究已完成料理的品質，和
廚藝的水準，也是一種教育。我
們仔細編排每一頁，不只是要讓你看到美
味的食物，更主要是確保作法清楚易學。步驟詳解的照片旁還加註了訊息欄框和創新
點子，讓有冒險精神的廚子能繼續探索甜點世界無窮的可能性。即使在說明進階級的
製作方式，依然採簡明扼要的用語，確保每個步驟都清楚易懂。

眾所周知，藍帶廚藝學院一向重視細節：我們示範的方式務必使不同能力的人都能
勇於嘗試。食材的搭配、基本原料的混合、最後裝飾的優雅和創意，在在刺激我們的
想像力。經典甜點用創新的手法呈現，是本書一大特色。您將發現本書的概念清晰，
並使您能容易地隨著不同的季節與場合作調整。

當您對於掌握基本技巧充滿了信心，藍帶廚藝學院的主廚們特為您獻上一道精華之最
料理(Les pièces de Résistance)：這是每一章的巔峰挑戰，運用技巧創造出視覺和味覺
上的完美。他們的專業在此呈現，他們提供的方法，可供您進一步的研究、發揮。
讀者能看到他們實地操作，創造出所有廚師夢寐以求的甜點，所有人都渴望親嘗
一口；而箇中祕訣盡在此書之中，待君一試。

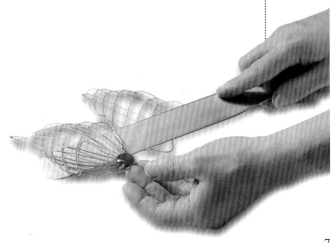

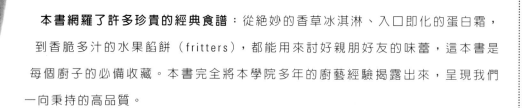

本書網羅了許多珍貴的經典食譜：從絕妙的香草冰淇淋、入口即化的蛋白霜，到香脆多汁的水果餡餅（fritters），都能用來討好親朋好友的味蕾，這本書是每個廚子的必備收藏。本書完全將本學院多年的廚藝經驗揭露出來，呈現我們一向秉持的高品質。

盛盤和裝飾。在一餐之中，甜點是最富視覺效果的，因此盛盤(presentation)和裝飾是基本的技巧，在本書最後一章我們深入地剖析大廚們維持高水準的秘密。在「最後裝飾」一章中我們詳細介紹了製作巧克力捲片(chocolate curls)的動作技巧、如何用輕快的動作地篩分出(sift)一層淺淺的糖、穩定的擠花裝飾等技巧。裝飾，雖然未必總是一道料理的重點，要表現風格，則非事先計劃好盛盤的細節不可。

法國藍帶廚藝學院的主廚們致力於和學生分享烹飪和甜點技藝。我們的主廚累積數十年的經驗，不計其數的獲獎紀錄，旅遊至世界各地，實際示範、參與國際節慶、擔任美食大使，不只是因為他們能重現經典法國料理的傳統訓練，也是因為他們能將豐富食材的運用、技巧、和烹飪傳統傳播出去。法國藍帶廚藝學院是教育的先鋒，在訓練廚師上，累積了百年以上的聲譽，將國際料理帶入21世紀，並且榮獲中華人民共和國觀光局訓練其駐巴黎廚師的專職機構。法國藍帶廚藝學院並已和澳洲政府簽訂一項共同投資計畫，在新成立的雪梨分校培訓澳洲廚師，為千禧年奧運作準備。

本書用法 HOW TO USE THIS BOOK

法國藍帶《糕點聖經》開啟了法國藍帶的大門，經驗豐富的廚師或廚房新手都能一窺堂奧。各章節先讓您挑選你所要製作甜點的基本素材，然後提供不同的作法，從簡單到複雜，一旦您決定了甜點的樣式，便可為其外觀和口味，找到更多建議。本書中心的基本篇，溫習了準備材料時所需的設備和技巧。若要為您的甜點作出完美的最後裝飾，則請查閱最後一章〈最後修飾〉，古典或摩登的裝盤技巧都能在這兒找到。

水果類甜點
FRUIT DESSERTS

水果沙拉 FRUIT SALADS
·
果凍 MOLDING FRUIT
·
水波煮水果 POACHING FRUIT
·
燒烤與煎炸 GRILLED & FRIED FRUIT
·
烘烤水果甜點 BAKED FRUIT DESSERTS
·
麵包和水果甜點 BREAD & FRUIT SWEETS
·
乾燥水果甜點 DRIED FRUIT DESSERTS

水果沙拉 FRUIT SALADS

水果沙拉簡單易作，可以用來取代人過甜膩的甜點，

或需要複雜調味的水果甜點。

使用品質好的食材，加上適當的甜味，就能達到最佳效果。

製作簡單的什錦水果沙拉
MAKING SIMPLE MIXED FRUIT SALAD

水果沙拉若不好好設計，就太浪費水果在裝飾上的潛力了。只要對色彩留心，就能創造驚艷，如圖所示，材料有整顆的小李子(plums)、去皮切片的奇異果和芒果、整顆的覆盆子，和切成對半的草莓。先準備好淡度糖漿(light syrup)(作法請參閱108頁)，放涼，把水果浸泡(macerate)進去至少30分鐘，再組合成水果沙拉。不要使用接觸空氣後會變色的水果。

水果沙拉的調味 FLAVOURING FRUIT SALADS

整顆辛香料的調味 WHOLE SPICES

肉桂棒(cinnamon sticks)和丁香(cloves)，可以加入橙、杏桃(apricots)，和草莓中，然後撒入細砂糖(caster sugar)，再冰鎮數小時即可。

小荳蔻 CARDAMON SEEDS

綠色的小荳蔻可以替水果添加一股清新的異國風味。撕開2個小荳蔻，取出裡面的黑色種子，放在磨缽(mortar)中磨碎，再加在糖漿裡，或是直接撒在水果上。

試試這種作法：把浸過糖漿的新鮮無花果和番石榴，加入蜂蜜、萊姆汁(lime)，和一小把磨碎的小荳蔻一起調味。

香草 VANILLA

香草莢(vanilla pod)可以用來調味拌水果沙拉的糖漿。或者也可用香草糖(vanilla sugar)來浸泡水果。香草和漿果類(berries)及香蕉搭配，風味絕佳。

香草植物 HERBS

薄荷(mint)、月桂葉(bay)、檸檬馬鞭草(lemon verbena)、薰衣草(lavender)都可為糖漿添加風味，也可以和砂糖一起用來浸泡水果。薄荷和檸檬馬鞭草味道清新，很適合搭配什錦水果、葡萄、葡萄柚、奇異果，和甜瓜(melon)。月桂葉的溫暖芳香則適合核果類水果，如桃子(peaches)、杏桃、番石榴(guava)、油桃(nectarines)，和洋梨(pears)。可以用少許的薰衣草來搭配葡萄、洋梨、鳳梨、甜瓜，或其他味道強烈的水果。

高度夠的玻璃碗用來盛放一層一層的水果很理想，切成小丁的水果和小莓果尤其適合。大塊的水果浸過糖漿後，可以分別盛在盤子上，澆上滿滿的果汁。橙(orange)、葡萄柚、甜瓜(melon)、木瓜、和鳳梨，可以切成對半、挖空，作為水果沙拉擺放的容器。另一種作法是，先切除頂端，再挖出裡面的果肉。

增加水果沙拉的甜味
SWEETENING TECHNIQUES FOR FRUIT SALADS

- 多汁的水果 Juicy fruits
  橙、奇異果、杏桃、鳳梨等水果切好後，灑上細砂糖，浸泡至少一小時。砂糖會溶解在果汁裡，形成美味的淡度糖漿。

- 未切或不多汁的水果
  Uncut or non-juicy fruits
  撒一點糖粉(icing sugar)在夏天的漿果、甜瓜、或核果類水果上。浸泡至少1小時後再上桌。

- 堅硬飽滿的水果 Firm fruits
  撒一點檸檬汁或萊姆汁在油桃、桃子、香蕉、楊桃、或無花果上，再慢慢澆上一點蜂蜜(clear honey)。

- 質地柔軟的水果和漿果類水果 Soft fruit and berries
  在木瓜、藍莓、和荔枝上，慢慢淋上純楓糖(maple syrup)，浸泡至少30分鐘再上桌。

果凍 MOULDING FRUIT

維多利亞時期的廚師，特別擅長製作閃亮光滑的果凍，

時至今日，這些如珠寶般的甜點仍大受歡迎。

我們可以在吉利丁(gelatine)裡添加果汁或葡萄酒，來增加風味，並凝結水果定位。

水果的定位 SETTING FRUIT

讓水果在模型內凝結定位，以製造美麗的視覺效果。你可以把不同的水果一層一層放上來，整顆或切片均可，或直接放一大塊的水果。也可以用一層薄薄的水果當底座，再放上慕斯(mousse)、鮮奶油(cream)、或夏綠蒂(charlotte)。

多層凍結的水果
SETTING FRUIT IN LAYERS
在模型裡倒入一層薄薄的液態果凍(作法請參閱128頁)，這裡示範的是淡度糖漿和白酒的組合，然後冷藏直至結凍。接著繼續在其上放上水果，用湯匙再舀上一層液態果凍，再結凍。如是，完成放置數層的水果(每一層都分別結凍)。慕斯和鮮奶油也可放入模型中。

定位一大塊的水果
SETTING LARGE FRUIT
要結凍一大塊或一整顆水果，先在模型裡倒入一層薄薄的液態果凍，然後加入水果。這裡示範的是一整顆桃子，結凍在淡度糖漿、波特酒(port)、和吉力丁作成的液態果凍裡。讓液態果凍分兩階段結凍，水果才不會浮上來。

一人份的小果凍 INDIVIDULA FRUIT MOULDS

要作一人份的小果凍，可以把一片片的水果，大小不拘，放在耐熱皿(ramekins)、小圈餅模具(dariole moulds)、或大小適當的盆子裡。你也可以把水果切對半、切片、切丁、或剝成一瓣一瓣，然後在小模型裡擺成漂亮的樣子。

把水果清理好，丟棄果籽。這裡示範的是葡萄對切後，放在已結凍的蘋果酒(cider)液態果凍上，然後倒入更多的液態果凍，再度結凍。用去皮、切片後的橙來疊放下一層的水果，記得丟棄白色的中果皮(pith)。果凍可以原味上桌，或用糖衣蜜餞(crystalized fruit)，或磨碎的柑橘類果皮(zest)來裝飾。

有角度的造型 ANGULAR EFFECTS

要製作不規則的造型，就把模型或容器的一角支撐起來，直到液態果凍結凍為止。這裡示範的是將黑醋栗(blackcurrants)泡在紅酒作成的液態果凍裡，讓它冷卻後結凍。

1 倒入糖漿，放入水果。讓模型傾斜一角到自己想要的樣子，然後放入冷藏。

2 倒入第二層液態果凍，這裡為了使黑醋栗的風味更完整，加入的是，葡萄汁和薄荷酒(peppermint liqueur)作成的液態果凍。如果喜歡，可以在完成的果凍上，放上新鮮的黑醋栗和薄荷葉做裝飾。

新鮮水果什錦沙拉
Fresh Fruit Minestrone

這道沙拉作法簡單、看起來美觀、吃起來清新，
使用不同種類的夏季水果，切小塊後
浸泡在用辛香料調味過的水果醃醬(fruit marinade)裡，放在冰塊上，
再放上一塊梭形的冰優格(yogurt)，一起上桌。

前置作業
PREPARATION PLAN

▶ 在作菜的前一天或前三小時
　就把醃醬準備好。
▶ 把水果切好。
▶ 製作冰優格。

製作醃醬 For the marinade
香草莢 2個
水 400ml
糖 350g
橙汁 300ml
檸檬(lemon) 1個
香蕉 1根
羅勒(basil) 30g

‧ ‧ ‧

製作水果 For the fruits
史密斯奶奶(Granny Smith)蘋果 1顆
奇異果 2個
杏桃 200g
草莓 200g
新鮮羅勒葉
檸檬汁，灑在水果上用

‧ ‧ ‧

製作冰優格 For the iced yogurt
原味(natural or plain)優格 425ml
糖 100g
打發用鮮奶油(whipping cream)，
混合用不打發鮮奶油(mixed, not whipped) 80ml

‧ ‧ ‧

一小枝羅勒葉作為裝飾

2　準備水果。蘋果削皮、去核、切片，先切成厚厚的一圈，再把各圈疊起來垂直切下，就能切成小塊，在表面灑上或刷上一點檸檬汁，防止變色。奇異果去皮，像香蕉一樣，用手指剝會比用刀子削來的容易，因為去掉的肉比較少。把奇異果切成和蘋果丁一樣大小。將杏桃對半切開，然後扭轉取出果核，去皮後切成小塊。草莓去蒂、切成對半。

3　把準備好的水果放入醃醬中，再放入切得細細的羅勒葉，讓水果浸泡其中至少數小時。

4　如果您有雪酪機(sorbet machine)，就把所有製作冰優格的材料放進去，如果沒有，就把所有材料混合在碗中，不要大力攪拌，再放冰箱冷藏半小時。繼續冷藏，每十五分鐘混合一次，直到優格平滑又堅固，到能被模型定型為止。

5　把碎冰放入大碗內，醃好的水果盛在另一個碗裡，放在碎冰上。把冰優格定型成梭形，擺在水果上面，加上一小枝羅勒葉作為裝飾，上桌。

1　製作用來當作醃醬的糖漿前，先將檸檬去皮、切片，但香蕉先別去皮，因為它容易變色。檸檬切好置一旁備用，香草莢照開口的方向，對半直切成兩段(lengthwise)，使香氣更容易釋放出來。在平底鍋(saucepan)裡放入水、糖和香草莢，煮到沸騰。離火，加入橙汁和檸檬，然後放入果汁機中攪碎，再放入去皮、切片的香蕉和羅勒，再度啟動果汁機攪拌，直至濃稠、滑順。把製作好的醃醬放在一旁靜置。

名稱逸趣 What's in a Name ?

minestrone是用來比喻混合、混雜的狀態，很適合用來形容包含許多材料的一道料理，而其中每樣食材都保留其獨特的原味。在料理上，這個名稱最常用在一種湯上，是由許多種蔬菜和不同形狀的義大利麵做成的，但是在這裡，我們也可以用來形容這種美味的、混合多種水果的沙拉。

水波煮水果 POACHING FRUIT

水波煮水果可以用來製作蛋糕和煎餅(pancakes)的餡，
或搭配慕斯、鮮奶油和冰鎮甜點，也可以單獨享用，冷熱皆宜。
應選擇沒有過熟、質地結實的水果，以達到最佳效果。

水波煮水果POACHING FRUIT

水波煮水果，就是用糖漿在水果外表形成一層糖衣(糖漿作法請參閱108
頁)，如果煮比較大的水果，糖漿就要煮到濃縮後，可以在水果外敷上厚厚
的一層。（若是製作口味強烈、略帶苦味的水果，則需增加糖的份量。）
加入一些檸檬皮或橙皮，和檸檬汁。也可以用紅酒、白酒或蘋果酒(cider)
來代替水。需要久煮的水果就用淡度糖漿來煮，水份揮發後，甜度就增
加了。

1 把處理好的水果放到糖漿中，糖漿要多到能蓋住水果為止。

2 加熱到微滾的狀態。需要久煮的大型水果，就用鍋蓋蓋住鍋子，然後不時翻攪，使水果均勻受熱。

3 撈起水果，糖漿繼續煮，如果是煮杏桃和李子(plum)，則要把糖漿煮到濃縮成濃稠狀，若是大型水果如桃子、洋梨，則要煮到能在水果外敷上厚厚的一層為止。

創造濃烈風味 CREATING INTENSE FLAVOURS

肉桂棒、丁香、小荳蔻、香草、新鮮的薑、月桂葉、小把薰衣草、柑橘類的果皮、未漂白的
杏仁，都可用來調味水波煮水果的糖漿。把這些調味料加入糖漿中，加熱到微滾，再加
糖，以創造濃烈的風味。

2 撈起水果，糖漿繼續煮到濃縮成濃稠狀，然後把糖漿澆在水果上，敷上厚厚的一層，冷卻。然後在水果裡，裝滿以薑味糖漿（ginger syrup）調味過的打發鮮奶油(whipped cream)，最後用糖醃薑絲和糖漬萊姆皮裝飾。

1 在不甜的蘋果酒（dry cider）中，加入新鮮的薑和萊姆皮，微滾15分鐘。靜置15分鐘，然後加入糖，作成糖漿，然後用來水波煮已去核的甜點蘋果（dessert apples）或橙。

製作糖煮水果 MAKING FRUIT COMPOTES

糖煮水果，就是水果和其共煮的汁液(有時汁液已稍微揮發)，一起上桌。漿果類水果如草莓、覆盆子、黑莓是最常用來製作糖煮水果的材料。黑醋栗(blackcurrants)、小紅莓(cranberries)等口味強烈、略帶苦味的水果，需要加入大量的糖，但不要一開始就加，以免水果表皮變硬。糖煮水果一旦煮好後，應靜置10分鐘再趁熱上桌，或等到完全冷卻再上桌。

1 將水果放到鍋裡，然後加入調味料(這裡示範的是橙皮和1顆香草莢)。再加入一些糖(500g的水果要加約175g的糖)和液體(這裡是加紅酒，約150ml)。若煮的是黑醋栗、紅醋栗、小紅莓等口味強烈、略帶苦味的水果，則糖要先從小份量開始加，約50g。

2 小火微滾後，小心地攪拌水果，直至糖溶解而水果仍嫩軟，接著讓它靜置約10分鐘。想要的話，可以加入4茶匙的黑醋栗酒(cassis)，然後和英式奶油醬(Creme Anglaise)一起搭配上桌。

3 口味強烈、略帶苦味的漿果需要煮得稍久一點。這時候加入150g的糖，繼續小火微滾，直至糖完全溶解。若糖漿量不夠，可多加點糖，以釋出多一點的果汁。

混合多種糖煮水果
COMBINING FRUIT IN COMPOTES

混合多種糖煮水果時，要確定較硬的水果已半熟，再加入較軟或較小的水果。例如，番石榴應先切成四等分，煮上8分鐘，再加入較軟的水果。不那麼硬的水果，如木瓜，應先煮3分鐘，再加入較軟的水果。

如圖所示，最軟的水果像漿果、燈籠果(physalis)、已去核的荔枝，應該等到最後，再加入已煮好的較硬的糖煮水果，再小火煮2分鐘。

糖煮水果的食用方式
SERVING COMPOTES

- 放在蛋餅(omelettes)、可麗餅(crêpes)、格子鬆餅(waffles)、海綿布丁(sponge pudding)上，或作內餡熱熱的吃。
- 和濃膩的米布丁(rice pudding)、謝莫利那(semolina)、或烘烤卡士達一起熱熱的吃。
- 作成派和塔，熱食上桌。
- 和冰淇淋、雪酪、或慕斯，搭配作冰的甜點。
- 作為比斯吉(biscuit cups)、迷你塔(tartlets)、或餡餅(flans)(sable or 脆餅(shortcake))的內餡，冷的吃。
- 冷的吃，上面加棉花糖(spun sugar)。

燒烤與煎炸水果 GRILLED & FRIED FRUIT

選擇沒有過熟、質地結實的水果來燒烤與煎炸，
先在調味過的果汁中浸泡，再快速地在預熱過的燒烤爐(grill)上烤，
或以其他方式迅速加熱，既能入味，又保持了口感。

簡單的烤水果
SIMPLE GRILLED FRUIT

燒烤之前，先把水果浸在柑橘類果汁中約30分鐘，果汁要已加糖並調味(可以用整顆香料或少許磨成粉的香料)。如果您使用的是會變色的水果，則必須確定水果有完全浸泡到果汁，並用保鮮膜緊緊蓋住，避免空氣接觸。香蕉可以整根下去烤，或對半縱切。鳳梨應切成厚片。桃子、油桃、洋梨、蘋果、木瓜、番石榴等，應切成對半。

1 撈起浸泡好的水果（果汁不要丟掉），用廚房紙巾拍乾，刷上融化的無鹽奶油，放置於烤架(rack)上，下面墊烤盤 (grill pan)。

2 製作少量澆淋水果用的糖漿：加熱剛剛留下的果汁，加一點甜蘋果酒(sweet cider)或紅酒，以及蜂蜜、楓糖、或砂糖調味，喜歡的話也可加入一點白蘭地或利口酒。

3 高溫燒烤水果直至輕微焦黃(lightly brown)。翻面，刷上奶油，灑上糖，再烤一下，至略呈焦糖狀，然後用湯匙澆上滾燙的糖漿，趁熱立即上桌。

製作水果串燒
MAKING FRUIT KEBABS

小顆的整粒水果，或切成小塊的水果，適合用來作串燒。葡萄、草莓、燈籠果和櫻桃，可以整粒來串；棗子、無花果、杏桃和李子，切成對半；桃子、油桃、樹番茄(tamarillo)和蘋果，切成楔形；鳳梨、芒果、木瓜、番石榴，切成小塊。也可嘗試試用金桔(kumquats)來水波煮。水果烤好後，可以直接上菜，或置於已加一點糖調味的庫利(coulis)(作法請參閱113頁)上，或淋上一點巧克力醬(Chocolate Sauce)(作法請參閱115頁)或鮮奶油，或搭配烤過、抹上白蘭地奶油(brandy butter)(作法請參閱115頁)的皮力歐許(brioche)，或放在格子煎餅(Waffles)或煎爐煎餅(Griddle Pancakes)(作法請參閱87頁)上加楓糖吃。

1 把水果一個個串在短的烤肉用的金屬串上，亦可用木製沙爹串（satay sticks），但要先用冷水泡10分鐘。

2 烤的過程中持續刷上醬汁。60g的無鹽奶油加上一顆橙(或檸檬)汁，和2茶匙的糖，可以刷4人份的水果。如果水果已經在糖漿裡泡過了，就刷上原來的糖漿，加一點融化的奶油。

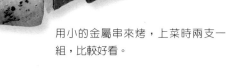

用小的金屬串來烤，上菜時兩支一組，比較好看。

製作水果布蕾 MAKING A FRUIT BRULEE

在水果上放上鮮奶油或優格,再加上焦糖化的糖,即成為美味的表層蘸醬。水果布蕾可以一次作大份量,也可放在耐熱皿(ramekins)裡作一人份。

把洗過、削皮、切過的水果放在上菜的盤子裡,澆上打發過的濃縮鮮奶油或希臘式優格(Greek-style yogurt)。再撒上厚厚的一層綿褐糖(soft brown sugar),然後冷藏數小時。上桌前,放在已加熱的燒烤爐(grill)下方,使糖烤到有點焦糖化為止,而水果上的鮮奶油或優格也已融化,即可立即上桌。

水果布蕾的變化 VARYING FRUIT BRULEE

大部分的水果,用烤布蕾的方式處理都很好吃。可以嘗試如圖示範的桃子切片、切對半的草莓、和葡萄;或者您也可以嘗試比較正式的、不同季節水果的搭配,如夏季的漿果類搭蘋果、洋梨,或外來水果。

油煎和澆酒火燒的水果
PAN-FRIED AND FLAMBEED FRUIT

用澆酒火燒的方式烹調後的水果風味香郁。可以使用白蘭地、蘭姆酒(rum)、水果類利口酒(fruit-based liqueur),或強化葡萄酒(fortified wine)。在另一個鍋子加熱酒,然後用點火器(taper)點燃後,再澆在水果上。

1 把水果切成楔形或片狀,撒上砂糖、一點肉桂粉、荳蔻粉(grated nutmeg),或磨碎的混合辛香料。

2 平底鍋加熱,融化一小片無鹽奶油,加入水果,用中火到大火的溫度,翻炒到轉成淡褐色為止。

3 在另一個鍋子放一點白蘭地、蘭姆酒、香橙干邑甜酒(Grand Marnier)或類似的酒,加熱幾秒後點火燃燒,然後澆淋到水果上,火焰很快就會熄滅。

烘烤水果甜點 BAKED FRUIT DESSERTS

水果可單獨烘烤，加入糖、奶油或更具份量的材料作內餡。

也可用en papillote的作法，即用紙包住水果再烘烤。

水果上也可加表面餡料，如簡單的烤麵屑(crumble)或加了鮮奶油的海綿蛋糕。

簡單的烘烤水果 SIMPLE BAKED FRUIT

烹飪用蘋果，如布瑞姆里(Bramley's Seedling)或類似的品種，口味強烈而略帶苦味，烤過後質地柔軟。甜點蘋果，如史密斯奶奶(Granny Smith's)或寇克斯(Cox's Orange Pippin)，口味較甜、質地較硬。蘋果先去核，再填入餡料：使用糖和一小塊奶油作基本餡料。您也可以加入切塊的乾燥水果、堅果、肉桂、混合辛香料、磨碎的柑橘類果皮，來增添風味。

1 蘋果去核、灑上檸檬汁，用刀在蘋果中間劃切一圈，讓果肉在烤的過程中可以膨脹起來。

2 將蘋果放入已抹上奶油的耐熱烤盤上，去核的地方裝入二砂糖(brown sugar)、上置一小塊奶油。用200℃烤45～50分鐘。

IDEAS FOR STUFFING FRUIT 塞入烘烤水果的餡料

- 把乾燥水果(太大就切成小塊)、肉桂粉、混合辛香料、切碎的堅果、磨碎的柑橘類果皮，加到瑞可塔起司(ricotta cheese)裡。
- 把海綿蛋糕粉(sponge cake crumbs)和一點磨碎的檸檬皮混合，再用檸檬汁浸濕。這很適合用來作木瓜的內餡，再和凝塊奶油(clotted cream)一起搭配上桌。
- 把新鮮的白麵包粉、一些切碎的核桃、綿褐糖、和一大把肉桂粉混合均勻，就很適合用來作填充蘋果的內餡。可以搭配英式奶油醬(Crèam Anglaise)(作法請參閱116頁)，或水波煮過的黑醋栗。

填充質地柔軟的水果 STUFFED SOFT FRUIT

質地較軟的水果，烘烤後呈現和蘋果截然不同的風味。油桃、番石榴、木瓜都可用這種方式來填充內餡；桃子(peaches)尤其適合。杏仁蛋白餅(macaroons)可為軟綿的烘烤水果，帶來一種絕佳對比的酥脆口感。

1 先準備內餡。用一點雪莉酒濕潤一些敲碎的杏仁蛋白餅，再混入瑞可塔起司中攪拌，加入一點切碎的醃薑，可增加一點刺激的口感。

2 桃子切對半、去核、灑上檸檬汁，放在抹過奶油的耐熱烤盤上。用小湯匙把作好的內餡舀入桃子中，用180℃烤15～20分鐘，直到水果軟化，並略呈褐色為止。

填充煮好的蘋果或洋梨
STUFFED POACHED
APPLES OR PEARS

在填充烘烤蘋果和洋梨前,先把它們放在糖漿裡,稍微水波煮一會(作法請參閱14頁),在煮的過程中,可以軟化果肉並避免變色。

1 把水果切成對半、去核、灑上檸檬汁,然後在淡度糖漿裡水波煮約5分鐘,或直至水果變軟為止,再將水果撈起,放在抹過奶油的耐熱烤盤上。

2 將蘭姆酒倒入一些切碎的糖醃鳳梨(candied pineapple)、核桃、和葡萄乾中,使之濕潤,然後裝入水波煮好的水果中。用180℃烤15分鐘。這種內餡具有衝突的口感,能夠和水果作很好的搭配。

水果包裹 FRUIT PARCELS

水果包裹後再烘烤,能保留大部分的水分和原味。把不同種類的水果包在一起烤,能混合其不同的味道。加入糖,以增加甜度。在烘烤完成前,加上一小塊奶油,更增香濃。

2 把水果放在鋁箔紙中央,然後把鋁箔紙包成一個整齊的包裹,邊緣都要摺疊起來,把包裹封住,然後放在烤盤上。用190℃烤約30分鐘,到番石榴變軟為止。

1 在兩層長方形鋁箔紙上,抹上奶油。準備水果。這裡示範的是油桃和番石榴,加入一些整顆的小荳蔻莢(cardamom pod),和黑糖來調味。

適合包裹烘烤的水果 FRUIT FOR PARCELS

- 縱切成對半的香蕉,搭配質地結實的草莓,和切成小塊的新鮮鳳梨(罐頭鳳梨亦可)。撒上香草糖和一點橙汁。
- 使用切成四分之一塊的甜點蘋果,和洋李乾(prunes),加一點白蘭地,和綿褐糖,在每個包裹裡都加上2顆完整的丁香(cloves)。包裹烤好後,撒上烤過的杏仁片。

- 試試無花果和新鮮的油桃搭配。撕開2個小荳蔻莢,加入每個包裹中,然後在水果上澆一點蜂蜜。上桌時配著希臘式優格(Greek-style yogurt)吃。
- 大黃(rhubarb)搭配芒果,用一根肉桂棒、一條橙皮、和黑糖調味。

香料洋梨
SPICED PEARS

酒燉洋梨，是法國藍帶多年來最受歡迎的招牌之作，主角是在糖漿裡水波煮過的洋梨，接著放入鍋裡，和帶甜味的辛香料一起煎，盛盤時，將洋梨置於淋上甘那許巧克力(ganache)的達垮司圓餅(dacquiose ring)上，最後用巧克力和紅酒醬(chocolate-and-red-wine sauce)來裝飾。

製作達垮司 For the dacquoise
杏仁粉 70g
糖粉(icing sugar) 75g
低筋麵粉 2小匙
蛋白 4顆
砂糖(granulated sugar) 3小匙

• • •

製作甘那許巧克力 For the ganache
苦巧克力(bitter chocolate) 100g
鮮奶油(cream) 100ml
奶油 2小匙

• • •

製作醬汁 For the sauce
紅酒 1/2瓶
八角 5顆
考維曲巧克力(couverture chocolate) 200g
糖漿 100ml

• • •

製作烤洋梨 For the 'roast' pears
洋梨 4顆，先在糖漿水波煮過
檸檬 1/2個
蜂蜜 40g
奶油 2小匙
四種辛香料：胡椒粉、肉桂、丁香、荳蔻

• • •

八角 (star anise)
紅醋栗
香草莢
黑醋栗
肉桂棒

1 洋梨去皮、切成對半、去核，留下果梗，上菜時較好看。用切好1/2個的檸檬來摩擦洋梨，避免變色。用250g的糖和500ml的水製作糖漿(製作方法請參閱108頁)，煮到沸騰。加入切對半的洋梨，水波煮10～15分鐘後撈起備用。

2 製作達垮司麵糊：把杏仁粉、糖粉、麵粉都混合在一起。用攪拌器打發蛋白。當蛋白快要呈立體狀態時，加入砂糖。繼續打發，直到可做成立體狀時，小心地混合入杏仁粉、糖粉、和麵粉。

3 用湯匙把達垮司麵糊舀入擠花袋。擠出四個圓盤狀的麵糊，直徑和烘烤用的圓模相等，並且增加外圈的厚度，使周圍略為高起，再加上球狀的達垮司，使圓盤狀的達垮司呈現花型。然後放入烤箱用170℃烤約15分鐘，直到呈黃褐色。從烤箱取出後，放在網架上冷卻。

4 接下來準備甘納許巧克力：巧克力切碎。平底深鍋(saucepan)用小火加熱，放入鮮奶油，當鮮奶油沸騰時加入巧克力。用木匙小心地攪拌，直到巧克力完全溶化在鮮奶油裡，形成濃稠綿密的巧克力醬。然後加入奶油攪拌直至滑順。

5 用中火以上的溫度，在平底深鍋裡加熱紅酒和八角，直至沸騰。繼續加熱直到酒蒸發了一半為止。放入考維曲巧克力和糖漿，再加熱到沸騰，繼續煮到巧克力完全溶化為止。然後靜置冷卻。

6 從達垮司的中央，抹勻甘納許巧克力。然後放入冷藏，使之凝固。同時用平底鍋煎烤洋梨：加熱奶油、蜂蜜和辛香料。加入切成對半的洋梨用小火煮5分鐘。

7 先預熱四個盤子，把紅酒醬澆在盤子中央四周。將達垮司圓盤放在正中央，上面再放上這兩片煮熱的洋梨。用紅醋栗、黑醋栗、八角、香草莢、肉桂棒來作裝飾。這樣可做出四人份。

李子烤麵屑 PLUM CRUMBLE

無鹽奶油 80g
低筋麵粉 160g
細砂糖 30g
質地結實的李子,
切成對半並去核 1kg
糖 100g

烤箱預熱到180℃。用摩擦的方式將奶油和麵粉混合,加入細砂糖攪拌。李子切成對半、去核後,放入深度足夠的耐熱盤中,在各層水果間,都撒上糖。

在水果上撒上奶油麵(crumble),不要將它往下壓,因為這樣會使麵屑變得硬而厚重。烘烤約45分鐘,直到麵屑變得酥脆、呈金黃色。

製作水果烤麵屑 MAKING FRUIT CRUMBLE

水果烤麵屑製作起來,簡單快速,因此成為經典的家庭甜點。試著搭配不同的水果。烤麵屑要熱食上桌,搭配英式奶油醬(Crème Anglaise)。

1 如果只是要做基本的麵屑,來撒在水果上,就用摩擦的方式將奶油和麵粉混合,直到形成類似麵包粉的樣子。然後加入細砂糖攪拌。

2 在耐熱盤裡放入一層水果,然後撒上糖。重覆這項步驟,直到用完所有水果和糖。撒上麵屑,烘烤到變成金黃色而酥脆。

一人份水果烤麵屑 INDIVIDUAL FRUIT CRUMBLE

水果烤麵屑也可做成方便食用的一人份。可以使用一人份舒芙雷皿,或耐熱皿來烘烤。水果要切碎,裝滿容器的底部,吃起來才滿足。注意烘烤時間會有20～30分鐘的差異,視份量大小而定。

烤麵屑的口味變化 CRUMBLE TOPPINGS

燕麥片 ROLLED OATS

在100g的低筋麵粉裡,加入50g的燕麥片和1顆磨碎的橙皮。使用100g磨碎的杏仁蛋白餅(macaroons),來代替糖。

巧克力 CHOCOLATE

切碎100g高品質的黑巧克力,加入麵屑糊(the crumble mix)中。避免使用烹飪用巧克力(cooking chocolate)。

堅果 NUTS

加入100g的堅果粒,如核桃(walnuts)或烤榛果(hazelnuts)。

杏仁 ALMOND

不加糖,而加入100g的杏仁蛋白餅(macaroons)。

搭配烤麵屑的水果
Fruits For Crumbles

參考以下的水果組合,來搭配不同口味的烤麵屑(請見上一頁下方),可製造出令人驚喜的變化。

黑醋栗 BLACKCURRANTS

嘗試黑醋栗,和巧克力烤麵屑的搭配。

乾燥桃子 DRIED PEACHES

嘗試即食的乾燥桃子,和大黃(rhubarb)的組合。

洋梨 PEARS

洋梨可和油桃(nectarines)一起搭配。

夏娃的布丁 Eve's Pudding

夏娃的布丁是常見的美味家庭甜點,以蘋果為原料,再鋪上清淡綿密的海綿蛋糕。這種料理方式也適合其他水果,所以一年四季,都可利用當季的水果作出變化(可參考下面的口味變化,尋求靈感)。

1 準備500g的烹飪用蘋果,削皮、去核、然後切片。放入深度夠的耐熱烤盤,最好是舒芙雷皿(soufflé dish)。灑上檸檬汁和100g的砂糖。

2 烤箱預熱到160℃。準備一半份量的蒸海綿布丁麵糊(Steamed Sponge Pudding mixture)(作法請參閱144頁),然後輕輕抹平在水果上。烘烤1～1又1/4小時,直到布丁膨脹定型。

夏娃的布丁口味變化
VARYING EVE'S PUDDING

■ 使用大黃切片墊底,將一大匙的薑末,和低筋麵粉混合,再做成海綿布丁麵糊。

■ 在新鮮醋栗(gooseberries)做成的水果基底上,灑上乾燥的接骨木花(elderflower)或接骨木酒(elderflower cordial)。

■ 水果的部分,使用削皮、切片的桃子。烘烤前,在海綿蛋糕麵糊裡,加入數滴玫瑰水(rosewater),並撒上一些杏仁片。

■ 在海綿蛋糕麵糊裡,加入2大匙的椰粉(desiccated coconut),來代替2大匙的麵粉。使用熱帶水果,如芒果或木瓜。

■ 嘗試這種組合:深色、果肉柔軟的水果(如黑莓、黑醋栗),搭配清爽的檸檬海綿蛋糕。

麵包和水果甜點
BREAD & FRUIT SWEETS

製作甜點時，麵包似乎是毫不起眼的材料，但許多經典食譜都懂得對它善加利用。

要達到最佳效果，就使用品質好的麵包。

但不要太新鮮、太有彈性(doughy)。切除麵包皮(crust)後，切片成相同的大小

夏季布丁 SUMMER PUDDING

製作這道傳統的英國甜點，需要一點事先計畫—用一個晚上的時間，讓麵包片被充份地擠壓，讓果汁能完全滲透到麵包內，布丁也能適當定型。

夏季布丁 SUMMER PUDDING

已切除麵包皮的麵包片 12片
黑醋栗和/或紅醋栗，
最好是兩者混合 250g
糖 150g
什錦莓類，如草莓、
覆盆子、桑椹(mulberries)、
和藍莓 共250g
水 2大匙

準備一個深度夠的1.25litre的布丁碗，將麵包片整齊地排放在底部，切除多餘的部分，把特別整齊的麵包片，留到蓋餡料時用。

將黑醋栗、紅醋栗和糖，放入鍋中，加入水 2大匙。小火加熱，不時攪拌，直到糖完全溶解，果汁流出。慢滾5分鐘，然後離火。將草莓，(太大就切對半或切成四等份)，和其他的莓類，加入醋栗中。

從鍋中舀出一些果汁，澆入已排好麵包的布丁碗中，再繼續裝滿水果。仔細把水果往下壓實，最後用麵包蓋在上面，再用一個碟子蓋好。把布丁碗放在盤子上，以承接流溢出來的果汁。冷藏一夜。上桌前，把布丁從碗裡倒扣到上菜的淺盤(platter)裡。

製作夏季布丁
MAKING SUMMER PUDDING

傳統的布丁碗(pudding basin)能為這道甜點創造完美的形狀。務必注意排列麵包的方式,才能作出好看的布丁。

1 在碗裡排好麵包片。先切好一塊圓形的麵包好鋪在碗底,然後沿著碗邊,重疊地、平均地排好麵包片。

2 小火慢煮黑醋栗、紅醋栗和糖,直到大量果汁流出。加入還沒煮的草莓,然後舀一些果汁到麵包上,再把剩下的水果裝進去。

3 確認水果裝滿了布丁碗,並壓實,然後在水果上蓋上一層麵包片,要確定水果被完全平坦地覆蓋住。

4 如果還有剩下的果汁,就用湯匙澆上最上層的麵包。把布丁碗放在盤子上,以承接流溢出來的果汁,將布丁碗用碟子蓋好,壓上重物,冷藏一夜。上桌前,從冰箱取出。若盤子上有漏出的果汁,在布丁脫模時則舀到布丁上,特別是還沒有被果汁浸到的麵包。

夏季布丁的變化
VARYING SUMMER PUDDING

不同種類的新鮮水果、冷凍水果、或罐頭水果,都可用來代替這裡的夏季莓類。顏色很重要,因為缺少顏色,麵包就會看起來很單調。如果你還是想用色彩不鮮豔的水果,就先製作糖漿(作法請參閱108頁),加入一些橙皮慢滾,然後用來煮水果。不妨試試下面的建議:

- 秋季布丁Autumn Pudding 在蘋果酒糖漿(cider syrup)裡水波煮洋梨丁,直到軟化,然後加入黑醋栗,和已去核、切成四等份的李子,繼續煮約1分鐘。

- 冬季布丁Winter Pudding 事先把乾燥水果,如杏桃、桃子、芒果、無花果、和洋李乾(prunes),浸泡在未加糖的蘋果汁裡一晚,直到膨脹。將水果撈起,然後切片,保留果汁備用。蘋果削皮、去核、切丁,放入保留的果汁裡煮到軟化,並放入一顆磨碎的橙皮,最後再加入浸泡好的水果。

5 把上菜用的淺盤,蓋緊在布丁碗上,然後同時翻轉。

6 把淺盤放在餐桌上,小心地抬起盛裝布丁的碗,以免破壞布丁表面。用新鮮的莓類作裝飾,然後立即上桌。

異國水果布丁 EXOTIC FRUIT PUDDING

香氣濃郁的外來水果,可用來製作夏季布丁(作法請參閱上一頁)。質地結實的水果先切丁,配上以柑橘水果調味的基本糖漿。

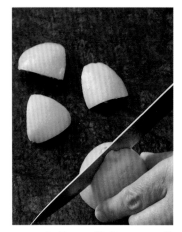

1 準備一顆檸檬、一顆萊姆、一顆橙,擠出果汁。把水果切成小塊,和果汁、300ml的水,一起加熱到沸騰,蓋上鍋蓋,慢滾30分鐘。

2 將果汁倒入細孔過濾器過濾,加入100g的糖,煮沸2分鐘,然後使它慢慢冷卻。加入500g的水果:甜瓜丁、芒果、鳳梨、木瓜、番石榴、切半的荔枝或苦蘵(physalis)。接著按照製作夏季布丁的方式完成。

這種布丁的魅力,來自其熱帶色彩和風味。最後可用水果切片來裝飾,搭配打發的鮮奶油(whipped cream),或凝塊奶油(clotted cream)。異國水果布丁和夏季布丁,也可用一人份的耐熱皿(ramekin dishes),或布丁模型(pudding moulds)來製作。

一人份斯堪地那維亞夏綠蒂 INDIVIDUAL SCANDINAVIAN CHARLOTTES

這道傳統甜點,是由炒過的麵包粉(breadcrumbs)和水果做成的,然後放入一人份的器皿(如標準尺寸的耐熱皿)中烘烤。使用品質好的水果,以達到最佳效果。斯堪地那維亞夏綠蒂要先冷藏後上桌,搭配冰淇淋或打發過的鮮奶油。

1 在鍋子裡加熱75g的無鹽奶油,放入100g新鮮的白麵包粉(white breadcrumbs),和1小匙肉桂粉,煮到呈金黃酥脆。然後加入50g綿褐糖(soft brown sugar),再煮幾秒鐘。

2 燉煮600g的水果,如這裡示範的李子。煮到水果軟爛而濃稠(pulp),但還未到果泥狀(purée),這時加入適量的糖調味。水果亦可用蘋果、杏桃、黑醋栗、或綜合水果。

3 將6個耐熱皿舖上烤盤紙。在皿中舖上做好的麵包粉,再舖上水果。最後亦舖上麵包粉做結束。冷卻後,用盤子蓋好,放冰箱冷藏數小時。

4 用刀子鬆開布丁,倒扣到盤子上,移除烤盤紙後上菜。

烘烤水果夏綠蒂 Baked Fruit Charlotte

這道家庭布丁，是夏季布丁的烘烤版本，麵包烤得酥脆金黃，包裹著柔軟的水果。趁熱上桌，搭配鮮奶油、優格、或熱的英式奶油醬(作法請參閱116頁)。

1 準備4～5片麵包，切除麵包皮，沿對角線切半，然後用金屬製圓模(round cutter)，切除尖銳的一角，形成底部呈弧狀的楔形。

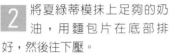

2 將夏綠蒂模抹上足夠的奶油，用麵包片在底部排好，然後往下壓。

3 模型的周圍，也用互相重疊的方式，排上一層整齊的麵包片，以確保各片之間沒有縫隙。接著在麵包上刷上融化的無鹽奶油。

4 準備500g烹飪用蘋果，削皮、去核、切片，加入100g的糖同煮，直到水果變軟(但還不到果泥狀)。加入50g的葡萄乾，4個已削皮、切片的桃子，1個磨碎的橙皮。水果煮到軟化後，就立即放入模型裡。

5 將三角形的麵包片，疊在水果上，向下的一面刷上奶油。接著再刷上更多的奶油，然後用180°C烘烤1小時，直到麵包呈金黃色。脫模後上桌。

乾燥水果甜點 DRIED FRUIT DESSERTS

乾燥水果常和其他的材料一起搭配，但當它們作為主角時，更能發揮所長。

選購品質好、一包包封好的乾燥水果。

立即可食的乾燥水果，如杏桃和洋李乾(prunes)，不需要經過浸泡。

MAKING DRIED FRUIT COMPOTE
製作糖煮乾燥水果

任何種類的乾燥水果都可使用，不論單獨使用，或混合其他水果皆可。這裡示範的是100g的櫻桃，和250g立即可食的桃子共煮，熱食冷食皆可，也可搭配其它的甜點。

將300ml不甜的(dry)白酒、100g的糖、和50g已去皮、剝成小片的杏仁，一起加熱。一旦糖溶化後，加入乾燥水果，蓋上鍋蓋，慢滾20分鐘。加入4小匙的白蘭地或櫻桃白蘭地(kirsch)，然後放一旁冷卻備用。上桌時，搭配適當的甜點，如低脂的(light)香草起士蛋糕，或蒸的海綿蛋糕(steamed sponge)，或加在烤過的麵包上，用肉桂粉、糖粉調味，最後舀上一匙凝塊奶油。

水果加入含酒精的糖漿 FRUIT IN ALCOHOL SYRUP

這種用酒醃漬的食品，味道甜美，可保存長達1年。可以作為鮮奶油迷你塔(tartlets)，或烘烤卡士達迷你塔的表面餡料，亦可搭配冰淇淋、冷藏過的舒芙雷一起享用。也是煎餅(pancakes)、格子鬆餅(waffles)、蒸海綿布丁的絕佳良伴。

1 在200ml的水中，溶解200g的糖來製作糖漿。離火，加入600ml的白蘭地或蘭姆酒。靜置冷卻。

2 在已消毒的保存罐中，放入立即可食的乾燥水果，如杏桃、桃子、木瓜、鳳梨。亦可加入其他適合搭配的水果。可以試著加入蘋果環(apple rings)，和無花果。加入一根肉桂棒，和幾顆丁香，以增添風味。

3 將糖漿倒入水果裡。將罐子搖晃一下，確定不再含有任何氣泡為止。蓋好蓋子，儲藏在通風陰涼處，至少一個月，再食用。

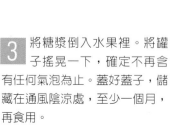

洋李乾配亞馬邑白蘭地
PRUNES IN ARMAGNAC

這是一種經典的料理方式，能把洋李乾轉變成絕佳的、含酒精的保久水果(preserve)。根據傳統，使用一般的洋李乾即可。一旦保久水果可供食用後，就可用來搭配不同種類的甜點，或單獨上桌，成為一道簡單的餐後甜點。

將已去核的即食洋李乾，裝在一個大型保存罐中，接著倒入亞馬邑白蘭地(Armagnac)或其他的白蘭地酒，要完全淹沒水果。確認罐中沒有任何氣泡後，再密封，存放至少1個月再食用。可以儲存長達1年。

白蘭地醃漬的洋李乾，可以盛放在白蘭地脆餅籃(brandy-snap baskets)中，一起放上瑪斯卡邦(mascarpone)、烤過的杏仁片、和糖漬橙皮絲(crystallized orange zest)(作法請參閱205頁)。

製作聖誕餡餅內餡 MAKING MINCEMEAT

這道具有節慶風味的英式甜點，應該在食用前一個月就做好，最好是在三個月前就完成。這樣才有足夠的時間醞釀其風味。

聖誕餡餅內餡 MINCEMEAT

糖漬柑橘皮(candied citron and orange peel) 100g
去皮的杏仁 100g
醋栗、葡萄乾、桑塔那葡萄乾(sultanas) 各250g
烹飪用蘋果，已削皮並去核 500g
磨碎的果皮，加果汁(橙與檸檬) 各1顆
綿褐糖(soft brown sugar) 250g
肉桂粉 1小匙
現磨荳蔻粉 1小匙
現磨混合辛香料 1小匙
白蘭地 200ml
不甜的雪莉酒 100ml
磨碎的牛脂(suet) 150g

切碎糖漬柑橘皮、杏仁、醋栗、葡萄乾、桑塔那葡萄乾、和蘋果。將它們全部混合在一個大碗裡，加入橙與檸檬的果汁與果皮。拌入糖、辛香料和酒。浸泡2～3天，不時攪拌。
加入牛脂攪拌。然後用湯匙舀入密封罐中，向下壓實。封好蓋子，貼上標籤，儲存於陰涼處。這裡的份量可以製2.5kg。

1 切碎所有的水果、果皮與堅果。全部混合，放入一個大碗中，加入橙與檸檬的果汁與果皮，再加入糖、辛香料、白蘭地、雪莉酒，攪拌，蓋好蓋子，靜置2～3天。1天攪拌1～2次。

2 加入牛脂，用湯匙將餡料舀入已消毒的密封罐中。用湯匙向下壓實。緊緊封好蓋子，貼上標籤，儲存於陰涼處。

聖誕餡餅 MINCE PIES

如果內餡已經做好了，要製作這種傳統的聖誕節點心，就很簡單。

1 在甜酥麵糰(Pâte Sucrée)(作法請參閱122頁)裡，加入1顆磨碎的橙皮。將麵糰擀平，切割出圓形，鋪在小派餅模(patty tins)的底部。裝入內餡到2/3滿，用蛋水(egg wash)(作法請參閱123頁)沾濕麵皮的邊緣，壓下另一片圓形的麵皮作蓋子。

2 在每個餡餅的上面，用尖刀戳一個整齊的洞，接著刷上牛奶。將餡餅放入冰箱冷藏30分鐘，然後用180℃烤25分鐘。烤好後留在模型裡，冷卻10分鐘，使餡餅定型，再移到網架上冷卻。

聖誕布丁
THE CHRSITMAS PUDDING

在食用前至少一個月，就要開始準備聖誕布丁，如此才有足夠的時間，使各種風味得以充分混合、醞釀。

您可依照基本的布丁食譜，來做一點變化。食譜裡的乾燥水果，其中的150g，可以用切碎的洋李乾、乾燥杏桃和無花果來代替。糖漬薑片和鳳梨可切碎，增添布丁多汁的口感。在調味醬汁裡，加幾滴純苦杏仁油，可增添芳香。不要加太多，否則這強烈的味道會喧賓奪主。

熱食上桌，搭配數匙的白蘭地奶油(Brandy Butter)(作法請參閱115頁)，或打發過的鮮奶油。

聖誕布丁 CHRSITMAS PUDDING

醋栗(currants) 350g
葡萄乾，桑塔那葡萄乾
(sultanas) 各250g
糖漬柑橘皮，切碎 100g
磨碎的橙皮和果汁 1顆
杏仁粉 100g
肉桂粉 1小匙
現磨荳蔻粉 1小匙
混合辛香料，磨成粉 1小匙
黑綿褐糖(dark soft brown
sugar) 150g
磨碎的牛脂(suet) 200g
新鮮的白麵包粉(breadcrumbs)
200g
低筋麵粉 150g
蛋 2顆
黑啤酒(stout)，如健力士
(Guinness) 100ml
白蘭地或蘭姆酒 4大匙
黑蔗糖漿(black treacle) 2大匙

準備2個1litre的布丁碗，抹上奶油。剪下兩層圓形的烤盤紙和鋁箔紙，要大到能蓋住整個碗為止。

在一個大碗裡，混合醋栗、桑塔那葡萄乾、葡萄乾、糖漬柑橘皮、橙皮、杏仁、辛香料、糖、牛脂，加入白麵包粉和麵粉，攪拌均勻。

將蛋打散，然後加入黑啤酒、橙汁、白蘭地或蘭姆酒、和黑蔗糖漿，一起攪拌。接著全部倒入上個步驟的大碗裡，和原有的材料混合均勻。將內容分成兩等份，裝入兩個布丁碗內，向下壓實。用烤盤紙和鋁箔紙將碗封好，碗的邊緣部份要更小心封緊，避免在煮的過程中有蒸氣溢入。

將布丁碗隔水加熱6小時，必要時不斷加水。打開碗，再用廚房紙巾鬆鬆地蓋住，靜置冷卻，再用新的烤盤紙和鋁箔紙蓋好，接著用塑膠袋(poly-thene)緊緊包好，儲存於陰涼處至少1年。食用前要先蒸2小時。這樣可做出8人份。

1 將水果、堅果、糖、辛香料、牛脂、麵包粉、麵粉，全部加在一起混合。

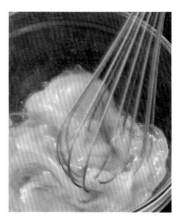

2 將蛋打散，加入其他液體調味料。

3 將步驟1、2的材料互相混合，直到充分混合為止。

冰甜點
ICED DESSERTS

雪酪 & 冰沙 SORBETS & GRANITAS
·
冰淇淋 ICE CREAMS
·
芭菲與半球形冰淇淋 PARFAITS & BOMBES
·
冰淇淋蛋糕 ICE CREAM GATEAU
·
冰舒芙雷 ICED SOUFFLES
·
冰淇淋的塑形 SHAPING ICE CREAM
·
冰碗 ICE BOWLS

雪酪 & 冰沙 SORBETS & GRANITAS

雪酪和冰沙，是以水果、葡萄酒糖漿、或平滑的果泥爲原料，
結合了冰清酥脆的口感，
因而成爲夏季最理想的甜點，或上菜之間清味蕾的幫手。

糖 400g
水 400ml
粉紅香檳(Pink Champagne) 1瓶
檸檬汁 1顆

砂糖放入水中，用小火加熱助其
溶解，然後加熱至沸騰。加入香
檳和檸檬汁，攪拌均勻。放一旁
冷卻備用。在雪酪(sorbetière)
中冷凍，直到滑、堅硬、顏色變
淡。做好後立即上桌，或放入別
的容器中冷凍。這樣可做出
12人份。

簡易版的糖漿雪酪
Simple Syrup Sorbets
製作水果糖漿時不加入酒類。若
要製作柑橘類雪酪，就在1 litre
的水中，加入糖，和3顆萊姆(檸
檬、或橙亦可)的果汁，和切細
的果皮。(若要製作橙味糖漿，
就另外加入1顆檸檬汁。若要製
作葡萄柚雪酪，就使用2顆葡萄
柚。若製作薄荷雪酪，就在檸檬
汁裡，再加入6枝薄荷葉。)糖漿
冷卻後，馬上撈出這些材料。製
作杏桃、桃子、或芒果雪酪時，
用1 litre的果汁來代替水，並加
入1顆檸檬汁。

冷凍雪酪的方法 FREEZING SORBET

要維持滑順的質感，雪酪要急速冷凍，避免冰塊結晶的形成。持續不
斷的攪拌，可以消除冰塊。雪酪機可以冷凍雪酪，同時進行攪拌。

電動雪酪機或冰淇淋機，可以在
冷凍雪酪的過程中，持續進行攪
拌，直到變得平滑堅硬。食物處
理機(food processor)是最好的代
用品。使用前先將碗和刀冷藏將
冷凍庫調到急冷。將混合好的雪
酪放入冷凍庫，直到表面的邊緣
一圈都結凍了，即可從冰箱取
出，然後繼續用機器攪碎，直到
滑順綿密。

芒果片和一小片萊姆，為芒果雪酪增
添了熱帶風情。挖出果肉的甜
瓜，是甜瓜雪酪的最佳容
器，再插上一枝薄荷葉
做皇冠裝飾。鋸齒狀
的邊緣，和點綴的糖漬橙
皮，為橙汁雪酪提供了
鮮活的明亮色彩。

擠花雪酪
PIPING SORBET

雪酪做好後，待其稍微軟化，就可
用擠花的方式，做出裝飾效果。擠
花袋和擠花嘴要先冷藏過。

挖空的水果
HOLLOWED FRUIT
將雪酪擠入水果殼中，然後冷凍，
再上桌。或者，將雪酪擠入冰過的
玻璃杯(serving glasses)裡，然後
冷凍，上桌前再取出。

呈現獨特的質感
TEXTURAL PRESENTATION
擠花出來的雪酪，具有迷人的質
感。將雪酪擠花在烘烤薄板(baking
sheet)上，要先鋪上不沾黏的烤盤
紙或保鮮膜，然後冷凍直到變硬，
再用冰過的抹刀(palette knife)移到
盤子上。

熱甜酒冰沙
MULLED WINE GRANITA

細砂糖 175g

磨碎的橙皮 1顆

橙汁 80ml

檸檬汁 2大匙

肉桂棒 1根，8cm長

丁香(cloves) 2顆

水 130 ml

勃根地(Burgundy)或
其他紅酒 750ml

切成細絲的糖漬橙皮，
或薄荷葉裝飾用

　將糖、橙汁、檸檬汁放入平底深鍋中。倒入水和酒，用小火加熱，攪拌到糖完全溶解。小火加熱，直到沸騰後，轉成小火，微滾2～3分鐘。靜置一旁冷卻。

　將冷卻好的熱甜酒，經細孔過濾器過濾，倒入冷凍用的淺盤中。放入冷凍庫，直到變硬為止。然後將8個上菜的玻璃杯，放入冷藏。刮下冰沙成冰晶狀，舀入冰鎮好的玻璃杯中。以糖漬橙皮絲或薄荷葉裝飾。這樣可做出8人份。

冰沙 GRANITA

冰脆而細緻的結晶，是這種沁涼的義大利甜點的主要特色。用來製作的糖漿，口味一定要飽滿而有力，亦可加入果汁或葡萄酒(紅酒、白酒皆可)，搭配開水一起使用，或乾脆省略開水。若要製作經典的咖啡冰沙，秘訣是使用濃烈而甜的濃縮咖啡(espresso)；您也可用芳香細緻的茶，來製作清爽不膩的冰沙。冰沙結合了香草植物和辛香料，可產生出其不意的口味。亦可嘗試下列組合：薄荷或香蜂草(lemon balm)配檸檬；月桂葉配蘋果汁，或熱甜酒香料(mulling spices)配紅酒。

用叉子翻鬆 FORKING

糖漿冷凍至半冰凍狀態。然後用叉子刮鬆冰晶，將其與尚未結凍的糖漿混合。重覆此過程數次，直到全部的糖漿均勻結凍成小冰晶狀，形成冰沙(slushy)的外觀和質感。

用湯匙刮下
SPOONING

糖漿冷凍後，可用湯匙刮下冰晶，端上桌食用。

水果雪酪
FRUIT PUREE SORBET

雪酪是由果泥製成的，口感清新無負擔。使用500ml的平滑果泥，如覆盆子、藍莓、桃子、草莓、芒果、木瓜、油桃(nectarine)、或甜瓜。將175g的糖，溶解在150ml的水中，然後加入果泥中攪拌。放入冷藏，當其冷卻後，即放入雪酪機或食物處理機中冷凍，再按照上一頁的步驟處理。

上桌的方式
SERVING

先將杯子冷藏過。如果可以，放在冷凍庫裡更好。冰沙的份量不要太多，所以小口徑的高腳杯，或直徑小的盤子比較理想。

草莓維切林
Strawberry Vacherins

這是一道傳統甜點，由蛋白霜和奶油製作而成，
在此我們增加了一點創新的變化。
在1人份的鳥巢形蛋白餅中，裝滿草莓雪酪，
再擺上新鮮的草莓和紅醋栗，以及1球雪酪，最後放在烘烤完成、
並以百里香調味，奶油布蕾卡士達上。

前置作業
PREPARATION PLAN
▶ 製作鳥巢形蛋白餅
(meringue nests)。
▶ 製作草莓雪酪。
▶ 烹調奶油布蕾卡士達
(crème brûlée custard)。
▶ 在鳥巢形蛋白餅上，鋪上一層打
發過的鮮奶油，和海綿蛋糕粉
(sponge crumbs)。

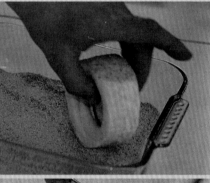

製作義式蛋白霜 *For the Italian Meringue*

糖 250g

水 60ml

蛋白 5顆

• • •

製作草莓雪酪 *For the strawberry sorbet*

草莓 300g

水 150ml

糖 150g

甜瓜汁 1顆

• • •

製作百里香奶油布蕾

For the thyme crème brûlée

鮮奶 125ml

乾燥百里香 1小匙

蛋黃 6顆

糖 100g

鮮奶油 350ml

• • •

海綿蛋糕粉

打發過的鮮奶油，敷在蛋白霜上用

糖少許，做焦糖用

草莓 400g

紅醋栗

百里香

1 用糖、水、和蛋白，來製作義式蛋白霜(做法請參閱68頁)。將蛋白霜裝入擠花袋內，用小型圓形擠花嘴，在烤盤紙上畫好圓形記號的地方，擠出圓盤狀。擠上一至二層，使四周有高度，形成底座，並用抹刀整平外觀。用100℃烤1小時。

2 開始雪酪的製作。草莓洗淨、去蒂，放入食物處理機打成果泥。將果泥取出，經細孔過濾器過濾。將水和糖加熱至沸騰，然後靜置冷卻。將果泥、糖漿、檸檬汁，混合在一起，然後倒入雪酪機

內(請參閱32頁)攪拌，直到平滑並結凍。或者，也可以用手工的方式，製作雪酪。草莓洗淨、去蒂，將食物處理機的刀片和容器，先放入冰箱冷藏。接著將草莓放入食物處理機內，打成平滑的果泥狀。將冷凍庫調成急冷，打好的果泥放入冷凍，直到表面的四周都結凍為止。重覆這個步驟，直到雪酪達到你要的質感，便將雪酪從食物處理機中取出，放回冰庫，待食用時再取出。

3 開始奶油布蕾的製作。鮮奶加熱到沸騰，加入百里香浸泡10分鐘。蛋黃加入糖，一起打散，再加入鮮奶油、和百里香煮好的鮮奶，然後過濾。接著注入淺瓷盤(寬13cm、高3cm)內，到5mm的高度，然後用90℃烤10分鐘。從烤箱取出後，靜置一旁冷卻。

4 在鳥巢形蛋白餅外，敷上一層打發過的鮮奶油，再滾上一層海綿蛋糕粉，鋪在鮮奶油上。

5 用糖沾滿奶油布蕾卡士達的表面，用噴槍燃燒糖，使其焦糖化。或者，將卡士達放在烤爐(grill)下，直到糖形成一層硬脆、呈金棕色的外殼。

6 將剩下的草莓切片備用。在鳥巢狀蛋白餅的中央，裝入草莓雪酪，然後再沿著頂端圓周，排列草莓切片。在草莓圓圈的中心放上紅醋栗。頂端再加上1/2球的雪酪，並用百里香裝飾。將完成的蛋白餅，放置在奶油布蕾上，立即上桌食用。

名稱逸趣 What's in a Name？

維切林(Vacherin)也是某些牛奶起司的名字，這是一種質地柔軟的洗浸起司(washed rind)。此處示範的這種甜點，在形狀和顏色上，都很像這種起司，故以此為名。

冰淇淋 ICE CREAMS

冰淇淋有一種難以言喻的低調馥郁感。

冰凍後的冰淇淋，若是調味得宜，如奶油般的質感，能帶給味蕾清爽的感受。

若經過特別的設計再上桌，冰淇淋往往能爲一餐畫下完美的句點。

製作濃郁香草冰淇淋 PREPARE RICH VANILLA ICE CREAM

香草卡士達，再加上打發過的鮮奶油，可以做成好吃的冰淇淋，並能以不同的方式來調味。兩者混合後，放入雪酪機，或冰淇淋攪拌機，以達到最佳效果。或者，也可使用食物處理機，但一定要持續地攪拌，才能達到平滑的質感。

1 製作一份英式奶油醬 (Crème Anglaise)(作法請參閱116頁)，將它放在碗裡不斷攪拌，底下要鋪滿冰塊，以避免表面形成薄膜。

2 不斷攪拌直至質地滑順細密。將250ml的打發用鮮奶油，稍微攪拌後，慢慢加入卡士達中混合均勻，使兩者混合均勻。

3 然後將卡士達放入雪酪機中攪拌並冷凍。或使用食物處理機(請參閱32頁)，裡面的容器要冷藏過，容量要夠大，才可使卡士達均勻散佈，以利快速冷凍。

基本冰淇淋的變化 VARIATIONS ON A BASIC ICE CREAM

巧克力或咖啡 CHOCOLATE OR COFFEE

混合2大匙的可可粉(cocoa powder)(或1大匙的即溶咖啡粉)、2大匙的糖粉、和3大匙的滾水。攪拌均勻，冷卻後，加入冷藏好的卡士達內。或者，在準備卡士達的前置作業時，就先將巧克力或咖啡，放入牛奶中融化。

威士忌和薑 WHISKY AND GINGER

在冷藏好的卡士達裡，加入4大匙的威士忌。在最後冷凍前，加入40g切碎的糖漬(或新鮮的)薑片混合均勻。

小圓餅 RATAFIA

在最後冷凍前，加入100g磨碎的小圓餅(ratafa biscuits)混合均勻。

4 用處理機不斷攪拌卡士達，到滑順綿密，然後放入另一個容器中，冷凍到變硬爲止。

水果冰淇淋 FRUIT ICE CREAM

水果的果泥,加上打發過的鮮奶油,可取代卡士達,做出好吃的冰淇淋。
這樣的混合,在冷凍後容易變硬,所以要好好地加糖調味,加入蛋白或
酒,攪拌均勻,質地才會較柔軟。

1 準備300ml的果泥,用過濾器
過濾種子。如果使用較不酸的
水果,如草莓、藍莓、或如這裡
示範的,完全成熟的櫻桃,就加
入一點檸檬汁。視水果本身的甜
度,加入2～3大匙的糖
粉,來增加甜度。

2 打發300ml的濃縮鮮奶油
(double cream),直到呈立
體狀,然後加入果泥中攪拌。
接著放入雪酪機或冷凍庫中冷
凍,同時攪拌數次,直到質地
平滑。

雙色冰淇淋 RIPPLES

想製造出漣漪狀的雙色冰淇淋,可將濃郁香草冰淇淋,和另一種口味和顏
色,都呈對比效果的冰淇淋,一起混合。黑醋栗冰淇淋,在顏色和口味上
都很強烈,是很理想的選擇。

在最後冷凍前,將這兩種冰淇淋,以相同的份量,攪拌在一起。如果使用
的是已冷凍過的冰淇淋,則先使冰淇淋軟化一點,才比較好混合、攪拌。

磨碎蛋白霜,來增加柔軟度
CRUSHED MERINGUE FOR SOFT RESULTS

使用於已製作好的冰淇淋
WITH PREPARED ICE CREAM
在香草冰淇淋中,加入100g的磨碎
的、已煮好的蛋白霜,與適量的巧
克力碎片,攪拌均勻。這可以增加
冰淇淋的甜度和柔軟度。

使用於自己製作的手工冰淇淋
WITH HOMEMADE ICE CREAM
按照製作水果冰淇淋的步驟(參閱
本頁上方左欄),來準備黑醋栗冰
淇淋。加入鮮奶油後,加入磨碎的
蛋白霜混合均勻。接下來即可直接
冷凍,不用放機器或手工攪拌。

芭菲 & 半球形冰淇淋 PARFAITS & BOMBES

芭菲是具有平滑奶油般質感的，冷凍糖漿甜點。

半球形冰淇淋，是另一種呈現冰淇淋的創新方式。

這些夏季冰甜點，可以單獨上桌，也可搭配其它甜點食用。

製作芭菲 PREPARING A PARFAIT

1 在50ml的水中，加熱溶解100g的糖，做成軟球狀態的糖漿(請參閱108頁)。將1顆蛋和5顆蛋黃，打散、攪拌均勻。將糖漿慢慢加入蛋液中，不斷攪拌直到冷卻並成濃稠狀。

2 打發500ml的濃縮鮮奶油，直到立體。接著，將之加入混合了糖漿的蛋液中，確定所有的材料都混合均勻了，再進行下一步驟。

3 準備4個8cm口徑的金屬圓模(metal rings)，在周圍用膠帶黏上不沾的烤盤紙，烤盤紙的高度，要比金屬環高出2cm。將金屬環放置在鋪好烤盤紙的烤盤上，燃後舀入步驟2的成品，直到與烤盤紙同高為止。

4 用抹刀將表面抹平，放入冷凍，直到變硬。脫模時，先解下圍著的烤盤紙，再用熱的布巾(tea towel)，在金屬環外蓋一下，即可順利脫模。

一小圈整齊的堅果粒，可產生對比的口感，而杏桃片則增加了顏色的鮮度。沿著芭菲，排上一圈杏桃片，並澆上一點焦糖。利用不同的模具，以增加變化，如土司模(loaf tin)或花邊模(fluted tin)。使用形狀簡單的模具，因為比複雜的模具，更容易將芭菲脫模。

芭菲的口味變化 FLAVOURING PARFAIT

香草 VANILLA

在打蛋時，加入1個香草莢，或1撮香草粉。

巧克力 CHOCOLATE

不要用原來的1個蛋和5個蛋黃，用3個蛋黃就好。融化150g品質好的黑巧克力(plain chocolate)，然後加入混合好的芭菲，攪拌，再加入打發過的鮮奶油。

蘭姆酒和蜜餞 RUM AND GLACÉ FRUIT

將175g的蜜餞水果和果皮，浸泡在蘭姆酒裡至少1小時，直到軟化，然後撈起、加入混合好的芭菲，攪拌均勻，再加入鮮奶油。

白蘭地或利口酒 BRANDY OR LIQUEUR

打發鮮奶油前，加入5大匙白蘭地、香橙干邑甜酒(Grand Marnier)、或黑醋栗酒(cassis)。

榛果 HAZELNUT

加入鮮奶油前，加入100g 烤過的磨細的榛果粒。

咖啡 COFFEE

在150ml牛奶裡，加入100g磨成粗粒、烘焙過的咖啡豆，小火加熱。在牛奶即將沸騰前，從爐上移開，蓋上鍋蓋，放置一旁冷卻。然後倒入細孔過濾器過濾，再加入鮮奶油中，一起打發。

芭菲的食用方式 SERVING PARFAIT

原味(plain)芭菲，可以嘗試這些不同的食用變化。

- 在脫模前，灑上厚厚一層高品質的可可粉。搭配巧克力醬(作法請參閱115頁)上桌。用白巧克力卡拉脆(White Chocolate Caraque)來裝飾(作法請參閱203頁)。
- 放在已用利口酒濕潤的，薄圓盤狀海綿蛋糕上，並用打發的鮮奶油擠花，和新鮮水果裝飾。和梅爾巴醬汁(Melba Sauce)(作法請參閱115頁)一起搭配上桌。
- 搭配水果庫利(Fruit Coulis)(作法請參閱113頁)一起食用。加入糖或巧克力造型(chocolate shapes)(作法請參閱198頁)做裝飾。

製作完美的半球形冰淇淋 MAKING PERFECT BOMBES

半球形冰淇淋上，不同層次的顏色和口味，既取悅了眼睛，也勾引了味蕾。一定要使用柔軟、新鮮的冰淇淋。想要的話，可以加入新鮮水果塊，另外留一些作裝飾。可以做水平狀的層次，也可以呼應模型的形狀，做成圓拱狀。確認每層的厚度相同，這樣看起來較整齊。可以用芭菲來取代其中的一層冰淇淋，作為質感上的變化。

1 將半球形冰淇淋模具，放入一個裝滿冰塊的碗中。用一根金屬湯匙，將剛作好的香草冰淇淋(作法請參閱36頁)，在模具內圈抹上均勻的一層。在等待這一層結凍的時候，著手製作黑醋栗芭菲(約需時45分鐘)。

2 當第一層已結凍變硬時，用一把尖銳的刀，修平其頂部，與模具邊緣同高。然後在空洞處，裝入第二層芭菲，使其與模具邊緣同高。剪下一張圓形的烤盤紙，大小與模具蓋相同，蓋在冰淇淋上，再蓋上蓋子，然後按照之前的方式冷凍。

半球形冰淇淋模具
BOMBE MOULD

傳統的模具，是一個呈鐘形、有弧度的金屬容器，附有可站立的底部和蓋子。有些模型的底部可以旋動，一旦裝滿冰淇淋，就可將它旋緊。要將冷凍好的半球形冰淇淋脫模，就再把它旋開，讓空氣進入。若有深度夠、耐凍、形狀適當的碗形容器，也可用來代替這種傳統的模具。

冰淇淋蛋糕 ICE CREAM GATEAU

冰淇淋蛋糕製作簡單，外觀卻很討喜。

其中一層用芭菲來製作，讓視覺上、味覺上，都有一點對比。

上桌之前，再完成最後裝飾的部分。

海綿蛋糕為底的蛋糕
GATEAU WITH A SPONGE BASE

先製作薄薄的一層，輕海綿蛋糕(作法請參閱118頁)，當蛋糕的底座，將之切成如模型般大小。這裡示範的是，濃郁香草冰淇淋(作法請參閱36頁)與225g切細、去皮的開心果的組合，來作蛋糕的第一層；巧克力芭菲作第二層。一旦結凍後，脫模、放在冷藏過的盤子上，做裝飾、再放回冷凍。

1 將第一層的冰淇淋(這裡示範的是開心果口味)放入模型底部。要注意讓每層的厚度相同，所以做第一層時，不要放太多。接著放入冷凍直到變硬。

2 第一層結凍後，就可用湯匙舀入第二層，這裡示範的是巧克力芭菲。用湯匙將頂部抹平，準備舀入下一層。

3 將這一薄層海綿蛋糕，先灑上如可可奶油醬(Crème de Cacao)之類的液體滋潤一下，然後放在巧克力芭菲上。將蛋糕蓋好，放入冷凍。冷凍好後要脫模時，將模型倒轉過來，再用熱毛巾蓋一下。

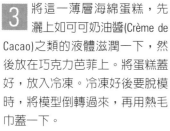

4 在蛋糕周圍，抹上一層薄薄的打發鮮奶油，然後壓上已去皮的開心果碎，做為裝飾。蛋糕上面也抹上鮮奶油，並擠上甘那許(Ganache)(作法請參閱111頁)。這時候蛋糕可以放回冷凍庫，準備上桌前約20分鐘，再移到冰箱冷藏。用巧克力做最後的裝飾(請見198頁)。

冰舒芙雷 ICED SOUFFLES

冰舒芙雷基本上就是未烤過的舒芙雷點心。
沒有吉力丁做定型的媒介,這種點心經冷凍變硬後,
仍能維持清爽的口感,和水果口味特別搭配。

冰舒芙雷 ICED SOUFFLES

使用1份冷藏舒芙雷(請見56頁)的份量即可,省略吉利丁。慕斯混合好(做法請參閱61頁)後也放入冷凍,使其達到需要的硬度,但仍有輕盈透氣的質感。像製作冷藏舒芙雷(請見56頁)一樣,使用1個1.5 litre的舒芙雷皿。

1 準備350ml的水果果泥(purée)(做法請見113頁)。(這裡示範的是檸檬果泥)。加入1份義式蛋白霜(做法請見68頁)混合均勻。打發400ml的濃縮鮮奶油,直到呈立體,然後也加入混合。

2 沿著舒芙雷皿的邊緣,黏上一圈耐熱膠片(acetate),使它比舒芙雷皿還高出2cm。將步驟1的成品舀入,與膠片同高。

3 將抹刀浸一下溫水,甩乾,然後用來抹平舒芙雷表面。放入冷凍,直到變硬,約需2小時,視不同冷凍庫而定。

準備1人份舒芙雷 PREPARING INDIVIDUAL SOUFFLES

用耐熱皿來準備小份量的舒芙雷,捨棄1人份的舒芙雷皿,因為舒芙雷皿用來做甜點可能太大。耐熱皿能夠快速結凍,也方便取用。裝飾上要精簡小巧,以適合小份量的要求。例如,用小型擠花嘴來擠奶油,用小型水果,如紅醋栗、覆盆子、藍莓、糖漬紫羅蘭(crystallised violets)、糖漬金桔(kumquats)、裹上巧克力的咖啡豆。

4 在上桌前20分鐘(如果可能的話,最好少於這個時間)移除膠片,修平邊緣。擠上打發鮮奶油,然後冷藏,直到準備上桌為止。

冰淇淋塑形 SHAPING ICE CREAM

冰淇淋做好後，只完成一半的工程。

美麗的裝飾，才是愉悅感最大的來源。

利用以下的技巧，來刺激你的想像力，也可運用在雪酪、芭菲、舒芙雷、和慕斯上。

- -

增加口感的冰淇淋球 TEXTURED SCOOPS

準備比所需還多的冰淇淋，以達到完美表現，放入夠深的容器中冷凍。在烤盤或塑膠盤上，
墊好不沾的烤盤紙，冰淇淋塑形好，就放上來。

1 將冰淇淋杓在冰水裡浸一下，甩乾。稍微傾斜一點角度，將杓子用力插入冰淇淋中。當杓子裝滿冰淇淋後，將杓子用力轉一下，同時在另一邊施加更多壓力，將杓子拉出。

2 將杓子置於烤盤上，手腕一抖，使冰淇淋落下。如果冰淇淋無法自動落下，可用刀尖幫忙。

冰淇淋球剛好可以放入巧克力杯(chocolate cups)內(做法請參閱202頁)，上面再以巧克力細格(chocolate lattices)裝飾。

- -

梭形冰淇淋
QUENELLES

用兩根金屬湯匙來做出梭形。這個技巧需要練習才會上手。

將口味迥異的梭形冰淇淋，擺在瓦片餅(tuile biscuits)上，再上桌。

1 將湯匙放入冰水中浸一下，甩乾，然後斜斜地插入冰淇淋中。拿出冰淇淋的同時，往上轉一下。

2 用第2根湯匙來修飾梭形的上方。塑形好後，輕輕地轉一下，使冰淇淋從第1根湯匙中釋放，斜撥一下，使之滑入烤盤紙上。

盛盤創意 SERVING IDEAS

■不論是何種形狀的冰淇淋，可以單獨搭配醬汁，或一些新鮮水果。將梭形冰淇淋，在盤子上排成星形、或花形的圖案。

■將冰淇淋球放入1人份的鬱金香杯(Tulipes)(做法請參閱210頁)中。

■利用挖球器(mellon baller)來製作迷你冰淇淋球。將它們放入冷藏過的酒杯中，或排成一串葡萄的形狀，用薄荷葉裝飾成葡萄柄。

■將迷你冰淇淋球，放入鳥巢形蛋白餅(做法請參閱68頁)中。

■在菱形冰淇淋上，擠上巧克力裝飾(做法請參閱198頁)。

切割冰淇淋 CUTTING SHAPES

利用烤盤，可結凍成一層厚度均勻的冰淇淋，方便用刀子或模型切割形狀。要取出冰淇淋時，將烤盤翻轉過來，然後用熱布巾包覆一下。

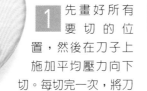

1 先畫好所有要切的位置，然後在刀子上施加平均壓力向下切。每切完一次，將刀子放在熱水下沖一次。

2 先切完所有同一個方向的線條，再切另一個方向。切的時候，要注意線條的整齊，避免造成不一致的鑽石形。

切片 SLICING

將冰淇淋放入土司模(loaf tin)，或矩形模中冷凍，接著可以整齊地切片。兩邊平直、高度淺、底部形成尖銳的直角(非圓弧形)的容器，可以製造出適合切片的形狀。在模型底部鋪上不沾的烤盤紙。在冷藏過的砧板上，將冰淇淋切片，放入已鋪好烤盤紙的烘烤薄板上，放入冷凍使之變硬，上桌前再取出。

將大型主廚刀在熱水下沖洗。先用一手往下壓，再用另一手慢慢用力，往下切割冰淇淋。這樣切出來的切面才會平滑。(避免使用如鋸子般來回切割的動作)每切一次，將刀子用熱水沖一下，擦乾，再切下一次。

用模型切割形狀 STAMPING SHAPES

用模型切割形狀的方式，可以為冰淇淋創造出俐落的線條。用同樣的金屬切割模，來切出相應的餅乾形狀，用來做冰淇淋夾心。

將金屬餅乾模先用熱水沖洗，以用來切割形狀。將金屬模在冰淇淋上蓋出形狀。利用刀尖小的刀子，來切除形狀外不要的部分。

冰碗 ICE BOWLS

冰做成的碗裡，凍結著繽紛的花和葉，成為一個美麗的容器，

可用來盛裝新鮮水果、冰淇淋和雪酪。

小心維護，這個冰碗可以重複使用。

製作冰碗 MAKING AN ICE BOWL

市面上有專門製作冰碗用的模型，裡面含有2個
扣在一起的塑膠碗，中間留有一道空隙，
可以倒入水、放入花朵。普通的耐凍碗
也一樣可以拿來製作。亦可用小碗
來製作1人份的冰碗。

1 準備2個耐凍碗，其中
1個比另一個略小。在
較大的那個碗裡，倒入一點
水，加入一些花朵、蕨類、花瓣
等，如三色菫、天竺葵葉，然後放
入冷凍庫結凍。

2 將小的碗放在已結凍好的
大的碗上。小碗上用重物
固定，以免等一下浮起來，接
著在兩個碗的空隙中注入一些
水、再加入更多花朵。接著放
入冷凍庫結凍。不斷重複這樣
的步驟，直到兩碗之間的空
隙，裝滿了浮在冰裡的花朵。

3 必要的話，用熱毛巾擦拭
小碗的內部，並在大碗外
蓋一下，以幫助取出冰碗。將
冰碗置於冷凍庫，要使用時再
取出。

冰碗的重複使用
SAVING AN ICE BOWL

將冰碗放在上菜的大盤子
(platter)上，再拿到餐桌上，
上菜完畢，立即放回冷凍庫。
冰碗裡的食物要越快移除越
好。如果你是用冰碗來裝冰淇
淋，又要保留冰碗待下次使
用，一定要避免任何冰淇淋的
殘餘黏在碗上，方法就是要確
定每一球的冰淇淋是分別結凍
的，而且一定要結凍到完全變
硬，才放入冰碗裡。可以用不
易彎曲的抹刀(spatula)，來刮
除剩下的一點冰淇淋殘渣。

卡士達，
奶油醬 & 鮮奶油
CUSTARDS,
CREAMS & WHIPS

烘烤卡士達 BAKED CUSTARDS

·

模型卡士達 MOULDED CUSTARDS

·

芙爾，奶油醬 & 鮮奶油
FOOLS, CREAMS & WHIPS

烘烤卡士達 BAKED CUSTARDS

蛋黃、蛋白和牛奶的比例，決定了卡士達的口感，

蛋白可以幫助定型；蛋黃則使口感綿密。

將全蛋和蛋黃混合加入，可以使冷藏後的甜點較容易脫模。

翻轉的烘烤卡士達 TURNED-OUT BAKED CUSTARD

經典的焦糖布丁(Crème Caramel)(見下方左欄圖)簡單優雅，重點在柔潤的外觀。烘烤時，若溫度太高，卡士達便會產生油水分離、看似凝結的現象。挽救的方法，就是將卡士達從爐火移開，用湯匙或攪拌器，攪拌到混合均勻。要製作焦糖奶油醬，要準備100g的糖，和60ml的水做成焦糖(做法請參閱109頁)。用2顆蛋、2顆蛋黃、30g細砂糖、1/2小匙香草精、和500ml的鮮奶，製作卡士達。然後如下所示，裝入模型裡，以160℃烘烤40分鐘。冷卻後冷藏一個晚上。這樣可以製作4人份。

1 當焦糖呈深棕色(deep golden)時，倒入模型裡。用手滾動模型，使焦糖均勻地包覆在內層上。

2 倒入卡士達，並開始烘焙，模型要浸在1英吋深的水裡，以免卡士達的中央定型前，邊緣就產生油水分離的現象。

卡士達的口味變化 FLAVOURING CUSTARDS

橙 ORANGE

將1顆磨碎的橙皮，浸泡在熱牛奶中30分鐘。橙味卡士達上桌時，可搭配糖漬橙皮絲(請見205頁)，和一些橙肉(請見104頁)。

咖啡 COFFEE

在蛋裡加入2大匙的咖啡精(coffee essence)，或在鮮奶裡加入50g磨粗粒的咖啡豆，泡30分鐘。鮮奶過濾後再加入蛋中。搭配香堤伊奶油醬(Crème Chantilly)(做法請參閱116頁)一起上桌，用薄荷，和包上巧克力糖衣的咖啡豆裝飾。

巧克力 CHOCOLATE

在100g已融化的高品質巧克力(原味或苦巧克力皆可)中，加入熱卡士達攪拌。烘烤40分鐘。

杏仁 ALMOND

在鮮奶裡加入225g去皮的杏仁，加熱直到快要沸騰，離火冷卻。杏仁和鮮奶一起放入果汁機打成泥狀，然後經細孔過濾器過濾，再用來製作卡士達。

濃郁的烘烤卡士達 RICH BAKED CUSTARDS

要製作柔軟綿密的卡士達，就使用蛋黃，或小部分的全蛋。如果要製作法式奶酪(Petits Pots de Crème)，應放在耐熱皿中烘烤，就使用5個蛋黃，配上500ml的鮮奶或鮮奶油(single cream)。製作法式烤布蕾(Crème Brûlée)(如右圖所示)，就用5個蛋黃，配上500ml濃縮鮮奶油。一旦冷藏好後，在卡士達上放厚厚一層黑糖(brown sugar)，再放入烤爐(grill)下方，直到焦糖化。冷卻後，表面就會形成一層硬殼。

經過調味的烘烤卡士達 FLAVOURED BAKED CUSTARD

要製作特殊口味的卡士達,可以用150ml的鮮榨橙汁,配上350ml的鮮奶,和50g的細砂糖,用160°C烘烤40分鐘。想要更具熱帶風情,用椰奶來代替鮮奶,這樣可以做出不流俗的焦糖布丁(Crème Caramel)。用1人份的烤皿,來準備這道料理,如圖所示。椰奶卡士達可搭配新鮮熱帶水果,和香堤伊奶油醬(Crème Chantilly)一起上桌,並加上一點蘭姆酒。

1 按照製作焦糖布丁的方式(見上一頁),來製作卡士達。在400ml罐裝椰奶裡,加入100ml的濃縮鮮奶油,加熱直到不會燙手的程度,然後加入蛋攪拌。

2 將卡士達倒入抹過油的淺盤中,或倒入6個150～200ml的耐熱皿中,盤子要放在1英吋深的水中,用160°C烘烤到定型,約需30～40分鐘。接著倒入6個150ml的耐熱皿中,冷卻,放入冷藏一晚。上桌前,用熱帶水果沙拉裝飾。

用辛香料調味卡士達 SPICED CUSTARD

要用辛香料來調味英式烘烤卡士達,可在烘烤前,撒上磨碎的荳蔻(nutmeg)粉。傳統的印度卡士達,是用小荳蔻(cardamom)和番紅花(saffron)來調味,加上全蛋和融化的奶油,以增加濃郁、有彈性的口感,來平衡辛香料的效果。這種卡士達要冷藏後,再切成整齊的一塊塊上桌。辛香料調味的卡士達,可以放在耐熱皿中烘烤,再用打發過的鮮奶油和堅果裝飾。這裡示範的是,卡士達倒入18平方公分的模型中,約2cm深,烘烤前用磨碎的開心果裝飾。冷藏後,切成整齊的鑽石狀再上桌。

1 將種籽從2個綠色小荳蔻莢中取出,在研缽裡磨碎成粉狀。再加入約1/8小匙的番紅花一起磨碎,呈略有黏性的粉末狀。再加入2大匙的熱水拌勻。

2 輕輕將3個蛋,和100g的細砂糖,一起攪拌。加入75g融化的無鹽奶油、250ml的鮮奶油、和步驟1的辛香料。接著全部倒入18平方公分的模型中,用160°C烤30～40分鐘,直到表面呈金黃色,並定型。然後切成適當的形狀,並裝飾。放涼後冷藏。

這是具異國風味的烘烤椰奶卡士達,搭配熱帶水果沙拉。以及辛香料調味的卡士達,上面鋪滿磨碎的開心果和碎金箔。

油煎烘烤卡士達 FRIED BAKED CUSTARD

用烘烤卡士達來油煎，配上水果醬或糖煮水果(做法請參閱15頁)，十分美味。按照製作焦糖布丁的方法，製作卡士達，使用3蛋和2顆蛋黃。放入1個大型、2.5～3cm深、矩形或方形的模型中，用160℃烤40分鐘。冷卻後，冷藏一夜。切成手指形、方形、或菱形。

1 將麵粉、2顆打散的蛋、和60g乾燥白麵包粉混合，攪拌均勻，用來包裹卡士達。必要的話，裹上第二層，確認卡士達完全裹上混合液。冷卻30分鐘以上。

2 用175g澄清奶油(clarified butter)來煎這些餡餅(fritters)。用高溫來煎，以快速煎熟表皮。中途(等到表面酥脆，底部呈金黃色)要用兩個抹刀，或魚鏟(fish slice)和刀子翻面。在廚房紙巾上瀝乾，再上桌。

烘烤卡士達布丁 BAKED-CUSTARD PUDDING

麵包和奶油布丁(Bread and Butter Pudding)，是一種經典的熱卡士達布丁。使用品質良好的麵包，如傳統土司(loaf)，或法式奶油麵包(brioche)，以達到最佳效果。鮮奶油可以用來代替鮮奶，以做出濃郁的布丁，切片的乾燥杏桃，或桃子，也很適合用來代替桑塔那葡萄乾(sultanas)。

1 用4顆蛋黃，製作焦糖奶油醬(見46頁)。切好麵包(這裡用的是150g法式奶油麵包)，在其中一面抹上奶油。在一個邊緣沒有花邊的(straight-sided)耐熱皿(ovenproof dish)中，放入麵包，奶油的那面朝下，在兩層麵包間撒上土耳其葡萄乾。然後倒入卡士達。

2 讓布丁靜置30分鐘，再用160℃烤1小時，直到定型，並略呈金黃色。撒上細砂糖，趁熱上桌。

傳統的女皇布丁 TRADITIONAL QUEEN OF PUDDINGS

製作卡士達 Custard	製作蛋白霜 Meringue
鮮奶 200ml	蛋白 3顆
鮮奶油 300ml	細砂糖 100g
細砂糖 25g	品質良好的果醬 2大匙
天然香草精 (vanilla extract) 1小匙	
蛋黃 3顆	
白麵包粉 (white breadcrumbs) 100g	
磨碎的檸檬皮 1個	

這道傳統布丁，是使用製作卡士達剩下的蛋白，來製作蛋白霜的表面餡料。這裡示範的傳統卡士達，使用鮮奶之外，也用鮮奶油，以更添濃郁口感。

製作卡士達(請見46頁)，但材料的份量按照上述。在1 litre耐熱盤中混合麵包粉和檸檬皮。倒入卡士達，蓋上蓋子，靜置30分鐘。用160℃烘烤卡士達1小時，或直到定型。在烤好的卡士達上，抹上一層果醬。製作法式蛋白霜(請見68頁)，然後放在布丁上。繼續烤15～20分鐘。

模型卡士達 MOULDED CUSTARDS

卡士達可以用吉力丁來定型，以取代烘烤的方式。

這種料理方法提供了不少變化，調味過的卡士達，可以單獨作爲冷藏甜點食用，

亦可做爲其他甜點的夾層，以增加色彩效果。

製作經典巴伐露或巴伐利亞奶油醬
PREPARING A CLASSIC BAVAROIS OR BAVARIAN CREAM

英式奶油醬，加入打發鮮奶油增加濃郁感，並以吉利丁凝固，就成了在模型裡定型的經典法式
巴伐露。夏綠蒂在模型裡定型，排列上法式手指餅乾(sponge fingers)，是最知名的巴伐露甜點
之一。脫模時，用熱布巾包裹一下，或將模型浸在溫水中10秒鐘，再倒扣在盤子上。

1 將15g的吉利丁粉，溶解
在3大匙的水中，然後加
入1份溫熱的英式奶油醬(請
見116頁)攪拌。接著倒入碗中
冷卻。

3 當卡士達開始凝
結，並呈現如濃糖漿
的質感時，打發225ml濃縮鮮奶
油直到立體，加入卡士達中。

2 將卡士達經細孔過濾器過濾，倒入置於冰水上的碗裡。

4 用冷水清洗1個1.5 litre的
模型，擦乾。倒入巴伐
露。冷卻直到凝結。脫模，倒
入上菜的大盤子裡。

巴伐露的口味變化
FLAVOURING BAVAROIS

濃郁巧克力 RICH CHOCOLATE
· · · · · · · · · ·
可以使用可可豆，但爲求較濃郁的
風味，可以在200g融化的、高品質的
原味或苦味巧克力中，加入溫熱的英式
奶油醬。

杏仁 ALMOND
· · · · · · · · · ·
在鮮奶裡加熱225g去皮杏仁，到即將
沸騰之際，放一旁冷卻。接著放入果汁
機打成泥狀，經細孔過濾器過濾。加入
幾滴苦杏仁精(bitter almond essence)，
或苦杏仁油(bitter almond oil)，更增
風味。

玫瑰 ROSE
· · · · · · · · · ·
製作英式奶油醬時，省略香草精，在鮮
奶裡加入3大匙的玫瑰水(rose water)。

水果巴伐露 FRUIT BAVAROIS

水果果泥可以代替卡士達，成為巴伐露的基本元素。加入蛋黃，增加濃郁感，特別是使用像黑醋栗等，口味強烈的水果。

準備500ml加糖調味過的果泥。這裡示範的黑醋栗巴伐露，是以1kg的水果，調上225g的糖。加入4大匙的利口酒(搭配黑醋栗，用黑醋栗酒)，和15g在3大匙的水中溶解的吉利丁。打發225ml的濃縮鮮奶油到有立體，一起加入混合均勻。用50g的水配上3大匙的糖，來製作糖漿。將糖漿倒入碗裡，加入3個蛋黃，在熱水上方攪拌，直到質地變稠、顏色變淡，再慢慢加入已用糖調味的果泥，一邊攪拌。用湯匙將巴伐露，舀入高腳杯或模型中，冷藏直到凝結定型。用打發鮮奶油和新鮮水果來裝飾。

水果三重奏巴伐露 THREE-FRUIT BAVAROIS

此處示範的是，橙與覆盆子巴伐露，搭配一層香蕉切片的組合。這裡的橙味巴伐露按照基本的作法，但是鮮奶先用磨碎的橙皮浸泡過，英式奶油醬除了吉力丁外，也加入了4大匙的橙味利口酒。製作每一層不同的巴伐露時，記得要調整份量，以免超過模型所能容納的空間。

1 模型裡抹油，舖上一整層的法式手指餅乾(作法請見119頁)。接著用擠花袋，擠出第一層的巴伐露，這裡用的是橙味巴伐露。冷藏直到凝結。接著再擠上第二層巴伐露，和第一層巴伐露同樣厚度，再冷藏凝結。

2 當第二層巴伐露凝結後，放上一層香蕉切片。最後再放上法式手指餅乾，再倒轉過來，脫模至上菜的盤子上。在蛋糕的上面和旁邊，都篩上細糖粉(icing sugar)，並用新鮮水果和薄荷葉裝飾。

巴伐露驚喜 SURPRISE BAVAROIS

這種製作方法，需要使用2～3種不同口味的巴伐露。這種甜點可放在小土司模、橢圓形、或圓形模型裡凝結。脫模後，可擠上保留下來的巴伐露混合液、打發鮮奶油、巧克力鮮奶油等裝飾，再擺上冷藏過的玫瑰花瓣、迷你玫瑰、或新鮮水果，使巴伐露的口味更完整。

1 在模型裡塗上第一種巴伐露混合液，這裡示範的是香草口味，將表面抹平，冷藏。

2 當第一層巴伐露，冷藏變結實後，用湯匙舀入覆盆子巴伐露，裝滿到模型1/3處。如果你還要繼續裝第三層，先把這一層冷藏起來。

3 在第二層巴伐露裡，放進一些覆盆子，然後蓋上海綿蛋糕。冷藏直到完全定型，再倒入盤子裡、脫模、裝飾。立即上桌食用。

芙爾，奶油醬&鮮奶油甜點 FOOLS, CREAMS & WHIPS

奶油醬和鮮奶油甜點，都是質地柔軟的凝結甜點。芙爾則是未凝結的水果鮮奶油(fruit creams)。
鮮奶油甜點的質感，就如其名所顯示的輕盈(whip本義指打發入許多空氣，因此奶油變得輕盈)，
但如果是由鮮奶油或打發過的卡士達，作成的甜點，也可以很濃郁美味。

水果芙爾 FRUIT FOOLS

水果芙爾，是果泥加上打發鮮奶油，使之更加濃稠，並加入糖粉調味。用300ml的濃縮鮮奶油，配上250ml的果泥，再加入適量的糖。

1 甜瓜很適合拿來作芙爾。如果你要保留瓜殼作為容器，可先將其修飾成好看的形狀。丟棄果籽，將果肉用果汁機打成果泥狀。可依喜好加入新鮮薄荷葉。

2 將果泥倒入碗中，加入適量糖粉攪拌。再用湯匙舀入打發過的濃縮鮮奶油，倒入果殼中冷藏。這樣可以做出4人份。

簡單的水果奶油醬 SIMPLE FRUIT CREAMS

卡士達、優格、軟起司，都可以成為製作水果奶油醬的基底。這裡示範的是，用帕堤西耶奶油醬(Crème Pâtissière)(作法請見116頁)，來製作蘋果奶油醬。先用幾滴苦杏仁油，或天然杏仁調味料，來調味帕堤西耶奶油醬，再用湯匙舀入果泥和打發鮮奶油中。將水果奶油醬，用湯匙舀到上菜的盤子上，上桌前先冷藏。

用250ml鮮奶、1/2根香草莢、60g細砂糖、3顆蛋黃、10g低筋麵粉(plain flour)、410g的玉米細粉(cornflour)，來製作帕堤西耶奶油醬。加入杏仁調味料。舀入300ml的果泥。打發200ml的濃縮鮮奶油直到立體，然後加入混合(fold in)。這樣可以做出4人份。

低脂的選擇
LIGHT ALTERNATIVES

要製作低脂水果奶油醬，可以選擇低脂的軟起司，如夸克(Quark)。這裡示範的是芒果和香蕉奶油醬，需用1/2小匙的香草精，來調味200g的軟起司。將2根成熟香蕉，加上一點檸檬汁，打成果泥，加入起司內攪拌。依喜好加入糖粉調味。再用湯匙加入250ml法式濃鮮奶油(crème frîiche)，和1顆切碎的芒果果肉混合均勻。上桌前，先放冰箱冷藏。

芒果和香蕉奶油醬盛放在瓦片杯(tuile biscuit cup)中(右)。蘋果和杏仁奶油醬，以乾燥水果點綴(中)。甜瓜芙爾，盛裝在鋸齒狀邊緣的果殼中(左)。

現代版的奶油甜點
Entremet Contemporain

在中古時期，Entremet(一種奶油甜點)，是一餐最後盛大的結尾，
時常伴隨著音樂、雜耍、和舞蹈。這裡示範的現代版本，
是以焦糖醬和慕斯調味，並以榛果奶油醬(hazel cream)完成的糕點。

前置作業
PREPARATION PLAN
▶ 烤箱預熱到200℃。
▶ 準備並烘烤手指餅乾(ladyfingers)，
  以及海綿蛋糕。
▶ 製作焦糖醬(caramel sauce)和慕斯。
▶ 組合蛋糕，冷藏使其凝結。
▶ 做最後裝飾。

製作手指餅乾和海綿蛋糕
For the ladyfingers and sponge cakes
蛋黃 20顆
糖 500g
蛋白 20顆 (用200℃烤)
低筋麵粉 500g
榛果 25g

. . .

製作焦糖醬 *For the caramel sauce*
糖 300g
葡萄糖(glucose) 80g
水 150ml
鹽 1小撮
濃縮鮮奶(condensed milk) 360ml
香草精 6g

. . .

製作焦糖慕斯 *For the caramel mousse*
水 75ml
吉利丁粉 40g
焦糖醬 290g
打發用鮮奶油(whipping cream) 520g

. . .

製作榛果打發鮮奶油
For the hazelnut whipped cream
打發用鮮奶油 1.2 litres
糖粉 90g
榛果仁，要完全烤熟(grilled)並切碎 600g

. . .

製作焦糖糖漿 *For the caramel syrup*
焦糖醬 10ml
水 10ml

. . .

焦糖膠汁 (Caramel glaze)
整顆烤過的榛果仁
巧克力捲片 (chocolate curls)

1 製作手指餅乾和海綿蛋糕。在蛋黃裡，加入一半份量的糖，不斷攪拌，到顏色變淡、體積膨脹成3倍為止。將剩下的糖加入蛋白中攪拌，做成蛋白霜。在蛋黃裡，分批加入蛋白霜和麵粉，混合，

第一批先加蛋白霜，最後一批也以蛋白霜結尾。接著將其裝入8號花嘴的擠花袋中，在烤盤上舖上矽膠墊(silicone)，用對角線的方式，擠上10x40cm的條狀海綿蛋糕。將榛果磨碎成小顆粒，然後撒在條狀海綿蛋糕上。在同一個烤盤上，擠上海綿蛋糕，使其呈2個直徑20cm的圓盤狀，以備待會做蛋糕時用，接著用200℃烤20分鐘。

2 同時準備焦糖醬。用糖、葡萄糖(glucose)，和60ml的水，來製作深度焦糖(dark caramel)(作法請參閱109頁)。加入90ml的水，和1小撮鹽，使其停止加熱。冷卻後，再加入濃縮牛奶和香草。

3 接下來製作焦糖慕斯。將水加熱到60℃，然後加入吉利丁，再加入290ml的焦糖醬。待其冷卻到28℃。同時，打發鮮奶油。焦糖冷卻到適當的溫度後，加入鮮奶油混合均勻。

4 現在製作榛果打發鮮奶油。用攪拌器攪拌鮮奶油，加入糖粉，然後混合入磨碎、烤過的榛果。

5 現在要組合蛋糕。將條狀的手指餅乾，切成一半的長度，用來舖在圓形蛋糕模(ring mould)的四周。將1個海綿蛋糕圓盤，舖在模型底部，刷上焦糖糖漿(用剩下的焦糖醬，和300ml的水混合而成)，使之濕潤，然後裝入焦糖慕斯，到一半的高度。再舖上另一片海綿蛋糕圓盤，也同樣刷上焦糖糖漿。接著裝入榛果鮮奶油到與模型同高，用抹刀抹平表面。放冰箱冷藏至少6小時，或放冷凍2小時來定型。

6 將蛋糕脫模。製作焦糖膠汁(glaze)。在75ml的水裡，加入150g的糖，煮到沸騰，並濃縮到呈濃稠焦糖狀為止。加入數大匙的冷水，來中止加熱。讓膠汁冷卻一下再使用。將它均勻抹在甜點上，注意不要破壞表面。製作巧克力捲片(作法請參閱201頁)，然後放在蛋糕上，再加上一點整顆烤過的榛果。

乳酒凍(syllabub)和奶凍(flummery)，都要冷藏後上桌。這裡示範的乳酒凍，是擠花鮮奶油，加上糖漬果皮；奶凍則加上冷藏過的玫瑰花瓣。莎巴翁(zabaglion)則是放在熱過的玻璃杯裡，加上法式手指餅乾(sponge fingers)，熱熱的吃。

稍微結凍的鮮奶油—奶凍
LIGHTLY SET CREAMS-FLUMMERY

鮮奶油可以加入竹芋(arrowroot)、玉米細粉(cornflour)等澱粉類，來增加濃稠度，或用吉力丁來幫助凝結；有些食譜兩者都同時採用。杏仁奶凍(blancmange)是一種以杏仁調味的鮮奶油甜點，而這裡示範的奶凍(flummery)，則是冷藏的版本：凝結的杏仁鮮奶油，加入打發鮮奶油，增加濃郁。

1 加熱100g的去皮杏仁、50g的糖、和300ml的鮮奶，直到沸騰。冷卻後打成泥狀，再過濾。在3大匙水中溶解15g的吉利丁。然後和1大匙橙花水，或玫瑰水，加入鮮奶中。

2 當杏仁鮮奶開始凝固，形成濃度糖漿的質感時，打發300ml的濃縮鮮奶油到呈立體，然後混合進去。用湯匙舀入小碗中，冷藏直到凝固。這樣可以做出4人份。

打發的鮮奶油-乳酒凍
WHIPPED CREAM- SYLLABUB

乳酒凍是古老的英國食譜，作法簡單，雖然熱量高，口味卻很清爽。它可以漩渦狀澆淋在崔芙(trifle)，或新鮮水果上。它也可和海綿蛋糕(先用雪利酒浸濕)、水果，一起以層狀舖疊在碗裡，成為另一種崔芙(trifle)。使用酥脆、低熱量的餅乾，來搭配乳酒凍。

1 將75g的細砂糖、100ml的中度(medium)或甜雪利酒、2大匙的白蘭地、1個磨碎的檸檬皮，和1個檸檬汁，都攪拌在一起。冷藏後，倒入裝有300ml的濃縮鮮奶油大碗中，用攪拌器攪拌。

2 繼續攪拌，直到鮮奶油可以形成緞帶痕跡的濃稠度。接著倒入6個碟子裡，冷藏2小時再上桌。(如果冷藏超過這個時間，鮮奶油就會分離。)

打發卡士達-莎巴翁
WHIPPED CUSTARD-ZABAGLION

義式莎巴翁(zabaglion)，近似於法式薩巴雍(sabayon)，是一種高熱量的甜點，是打發蛋黃、糖、和馬沙拉酒(Masala)作成的，然後搭配法式手指餅乾，熱熱的吃。糖的份量和酒的種類可以作變化，使這道甜點不那麼甜。

1 隔著溫水，攪拌4顆蛋黃和40g細砂糖，直到蛋黃變濃稠、顏色變淡、溫度變熱。加入100ml的馬沙拉酒，繼續攪拌。

2 攪拌到蛋黃顏色變淡、質感變稠即可。舉起攪拌器時，混合液剛好能有一點附著其上、並形成緞帶痕跡(ribbob trail)的濃稠度。接著倒入已溫熱的玻璃杯，馬上上桌。

舒芙雷、
慕斯和蛋白霜
SOUFFLES,
MOUSSES & MERINGUES

冷舒芙雷 COLD SOUFFLES
·
烘烤舒芙雷 BAKED SOUFFLES
·
慕斯 MOUSSES
·
蛋白霜 MERINGUES

冷舒芙雷 COLD SOUFFLES

冷舒芙雷因爲是由打發的蛋白，和打發的鮮奶油作成，所以質地輕盈。

想使成品更吸引人，看起來像烤舒芙雷的樣子，

可以在耐熱皿上方固定一圈膠片(acetate)，使舒芙雷超過耐熱皿的高度。

檸檬舒芙雷 LEMON SOUFFLE

吉力丁片 2又1/2片，
或吉力丁粉 2又1/4大匙
水 4～6大匙
細砂糖 200g
磨碎的檸檬果皮和果汁 2顆
蛋 3個，蛋黃和蛋白分開
濃縮鮮奶油 250ml

準備1 litre容量的舒芙雷皿。在2大匙的水裡，撒入吉力丁粉，使之膨脹成海綿狀，或是將吉力丁片浸泡在冷水中。

在平底深鍋裡加入2大匙的水，和100g細砂糖，煮到沸騰至軟球狀(請見108頁)。加熱檸檬汁到沸騰，待其稍微冷卻，再加入吉力丁溶解。將檸檬皮加入蛋黃，一起攪拌，再慢慢

倒入糖漿，同時繼續攪拌，到顏色變淡、質地變稠為止。這時再加入已溶解吉力丁的檸檬汁混合。

將剩下的100g細砂糖，和2大匙的水，一起煮沸到呈軟球狀的糖漿。打發蛋白到質地變結實，再慢慢加入糖漿繼續攪拌，製作成義式蛋白霜(請見68頁)。輕輕打發鮮奶油，使它變得濃稠但不結實，然後加入蛋黃混合液中混合。接著再加入蛋白霜混合均勻。

將混合液倒入耐熱皿中，用抹刀在水裡沾一下，抹平表面。冷藏數小時，直到凝固。然後移除膠片，加以裝飾。

製作吉力丁定型的舒芙雷 MAKING A SET SOUFFLE

1 要製作冷的定型舒芙雷，先在耐熱皿上方3～5cm處，固定2層厚的烤盤紙，或剪成適當形狀的膠片(acetate)。

2 製作舒芙雷混合液。將檸檬皮加入蛋黃，一起攪拌，再慢慢以細流狀，倒入糖漿，同時繼續攪拌，到顏色變淡、質地變稠為止。按照食譜(見左上方)，繼續完成製作混合液的步驟。

3 將混合液倒入準備好的舒芙雷皿中，將抹刀在溫水中沾一下，用來抹平表面。接著放入冷藏，定型，最後打開膠片，將它向上拿起，小心地從舒芙雷皿移除。

舒芙雷的修飾 FINISHING SET SOUFFLE

這裡示範的是，在舒芙雷的邊緣，鋪上切碎的開心果粒，表面則擠上鮮奶油。

1 用抹刀在舒芙雷四周沾上開心果粒。在舒芙雷皿下方墊上烤盤紙，以接住掉落的開心果。

2 沿著表面邊緣，擠上玫瑰花狀的鮮奶油，從相反方位開始，再接著將剩下的空隙擠滿。

一人份舒芙雷 INDIVIDUAL SOFFLES

將冷舒芙雷放入一人份的耐熱皿中定型，並且如製作多人份舒芙雷一般裝飾。這裡示範的是咖啡舒芙雷，上面撒上糖粉，再用熱金屬籤在表面烙印，以產生特殊的網狀圖案，同時製造一點微苦的口感。舒芙雷的周邊並鋪上磨碎的杏仁酒餅乾(Amaretto biscuits)。亦可用沾了巧克力糖衣的咖啡豆代替，一樣美味。

巧克力舒芙雷杯 CHOCOLATE SOUFFLE CUPS

用500g黑巧克力，來製作12個可食用的巧克力杯(作法請參閱202頁)。用周邊幾乎呈垂直線條的容器來當模型，如喝水用的塑膠杯，或馬芬杯(muffin case)。冷藏待其凝固後，再裝入混合好的舒芙雷。

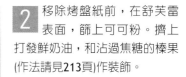

1 烤盤紙對摺，用膠帶固定在模型周邊，使其高於模型表面2～4cm。然後放在烤盤上，裡面裝入1份白巧克力舒芙雷(請見本頁右下方)。冷藏到凝固。

2 移除烤盤紙前，在舒芙雷表面，篩上可可粉。擠上打發鮮奶油，和沾過焦糖的榛果(作法請見213頁)作裝飾。

簡單的舒芙雷口味 SIMPLE SET SOUFFLES

橙味 ORANGE
用1顆大的柳橙來代替檸檬。

咖啡 COFFEE
用100ml很濃的黑咖啡，來代替檸檬汁和檸檬皮。

帕林內 PRALINE
將100g的帕林內(請見109頁)，放入食物處理機磨成粉，用來代替檸檬，加入蛋黃混合液。用一點水溶解吉力丁。在吉力丁裡加入2大匙的榛果利口酒(Frangelica liquer)。

巧克力 CHOCOLATE
在蛋黃混合液裡，加入60g融化的原味/苦味/白巧克力，並且只使用2片吉力丁，或2小匙吉力丁粉。不要加檸檬

57

烘烤舒芙雷 BAKED SOUFFLES

烘烤舒芙雷，是最具時效挑戰性的甜點，廚師必須從容不迫、將時間拿捏得恰到好處。

基本材料的帕堤西耶奶油醬(Crème Pâtissière)可以事先準備，

但最後的準備工作、烘烤、上桌，都要一氣呵成。

製作烘烤舒芙雷 MAKING BAKED SOUFFLES

質地輕盈的舒芙雷，內部的空氣受熱後，會向外擴張，舒芙雷因而膨脹。材料中的雞蛋，可維持舒芙雷的
形狀，幫助定型。在模型裡撒上糖，可使舒芙雷固定在容器中，並成功地膨脹起來。

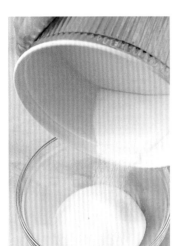

1 將舒芙雷皿抹上奶油，撒上細砂糖，然後向下傾斜，倒出多餘的糖。

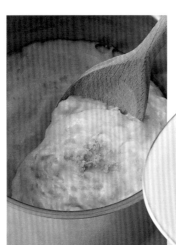

2 準備基本材料的帕堤西耶奶油醬，然後加入調味料攪拌，這裡是用檸檬皮、馬里布(Malibu)、和椰子來調味。讓它稍微冷卻。

成功的烘烤舒芙雷，應膨脹到容器上方約2cm的高度，維持平衡的形狀，表面焦脆，呈黃褐色(golden brown)。

3 在上菜前才準備義式蛋白霜，加入步驟2混合。然後倒入準備好的舒芙雷皿中。

4 用拇指在舒芙雷皿內緣抹一圈，清出一條空間，使舒芙雷能均勻地膨脹起來。

椰子舒芙雷 COCONUT SOUFFLE

鮮奶 200ml
香草莢 1顆
細砂糖 50g，以及另外用來
鋪上舒芙雷皿的份量
蛋 4顆，蛋黃與蛋白分開
低筋麵粉30g
玉米細粉15g
磨碎的檸檬皮1顆
馬里布(Malibu) 3大匙
新鮮或乾燥的椰子粉 25g
用來抹舒芙雷皿的無鹽奶油
裝飾用的糖粉

在1.5 litre的舒芙雷皿上抹上奶油，沾滿砂糖。準備帕堤西耶

奶油醬(作法請見116頁)：使用鮮奶、香草、30g的細砂糖、蛋黃、低筋麵粉、和玉米細粉。加入檸檬皮、馬里布(Malibu)、椰子一起攪拌。待其稍微冷卻。

利用剩下的細砂糖和蛋白，來製作義式蛋白霜(作法請參閱68頁)。將蛋白霜加入帕堤西耶奶油醬混合，倒入皿中。用拇指在舒芙雷皿內緣抹一圈，使舒芙雷不會黏附在容器上，能夠更均勻地膨脹起來。用190℃烤15～20分鐘，或到舒芙雷膨脹、定型、轉成金黃色為止。均勻地篩上糖粉後，立即上桌。

一人份烘烤舒芙雷 SMALL BAKED SOUFFLES

要製作6人份的小舒芙雷，可用250ml的舒芙雷皿來代替1個大型容器，事先要抹好油、沾上砂糖。小舒芙雷大約要烘烤15～20分鐘。

1 可以在舒芙雷皿裡加入水果。水波煮櫻桃，很適合加了白蘭地櫻桃酒(kirsch)調味的舒芙雷。罐裝或瓶裝的櫻桃，撈出瀝乾後，都可使用。

2 將舒芙雷皿放在烤盤上，方便拿取。在烘烤時間完成2～3分鐘前，在舒芙雷表面篩上糖粉，可以產生焦糖般效果(glazed finish)。動作要快，免得舒芙雷塌陷了。

榛果杯裡的舒芙雷 SOUFFLES IN HAZELNUT CUPS

巧克力和榛果這兩種口味，特別適合彼此搭配。這裡示範的是，酥脆的榛果派皮，和口感綿柔的烘烤巧克力舒芙雷，正好形成絕佳的對比。

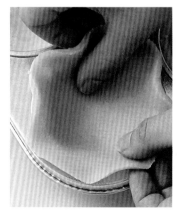

1 在一般尺寸的小派餅模(patty tins)裡，舖上榛果甜酥麵糰(Pâte Sucrée)(作法請參閱122頁)。用200℃，空烤酥皮(baking blind)約10分鐘。接著放架上冷卻。將烤箱溫度調低到190℃。

2 將做好的派皮杯放在烤盤上。裡面裝滿用巧克力調味過的舒芙雷(請見下一頁左上欄)，用小指尖在派皮杯內緣抹一圈。

3 烘烤12～15分鐘，然後立即上桌。
用金屬鏟刀將成品移到盤子上，小心不要晃動到舒芙雷內餡。

口味變化 VARIATIONS

香草舒芙雷 VANILLA SOUFFLE

省略果皮、馬里布(Malibu)和椰子。使用1小匙的香草精來代替香草莢。並且使用香草糖(vanilla sugar)。裝入已抹好油、沾好砂糖的1.2 litre的舒芙雷皿內,用190℃烘烤15分鐘。

蘋果舒芙雷 APPLE SOUFFLE

使用蘋果白蘭地(Calvados)來代替馬里布(Malibu)。省略椰子,加入50g的蘋果泥混合。放入1.2 litre的舒芙雷皿內,用190℃烘烤25～30分鐘。

巧克力舒芙雷 CHOCOLATE SOUFFLE

省略馬里布(Malibu)和椰子。在50ml的滾水裡加入25g的可可粉。使用200ml的鮮奶來製作帕堤西耶奶油醬。其它的材料用一半的份量即可。裝入1.2 litre的舒芙雷皿內,用190℃烘烤25分鐘。

烘烤水果舒芙雷 HOT FRUIT SOUFFLES

果殼很適合做為烘烤舒芙雷的容器。橙的果殼是理想的選擇,但其他果皮,只要能耐烘烤的高溫,都能拿來使用,如萊姆、檸檬,和葡萄柚。

1 使用 6 顆橙,每顆約重175g。從頂端割去1/3,底部也切除一小塊,使整顆橙能穩穩的站立。挖除果肉,留下乾淨的果殼。

2 按照椰子舒芙雷食譜的作法(請見58頁),使用橙皮代替檸檬皮,使用康圖酒(Cointreau)或香橙甘邑甜酒(Grand Marnier),代替馬里布(Malibu)。省略椰子。將舒芙雷舀入果殼中,用190℃烘烤約10～12分鐘。立即上桌。

鳳梨殼舒芙雷 SOUFFLE-TOPPED PINEAPPLES

在水果上放上舒芙雷,或用舒芙雷裝入果殼內。將小鳳梨切半,裝入水果塊。如果是迷你鳳梨,可以像橙一樣,將果肉挖空。這裡使用了2個鳳梨,各種約1.19 kg(包含葉子的部分)。

1 俐落地將鳳梨縱切對半。用刀子取出果肉、切丁,放入平底鍋,用奶油和糖煎炒,使果肉均勻裹上一層糖汁。然後放回鳳梨殼裡。葉子的部分用鋁箔包好,以免烤焦。

2 在果肉上加入一層椰子舒芙雷(做法請見58頁)。用190℃烘烤15～20分鐘。立即上桌,並篩上糖粉。

慕斯 MOUSSES

要做出完美的慕斯需要練習。熟練以下技巧，才能確保成功。
例如：如何混合材料、如何判斷吉力丁混合液的凝固時間點、
如何打發鮮奶油到完美的質感。

製作吉布斯特慕斯 MAKING CHIBOUSTE MOUSSE

吉布斯特慕斯，是帕堤西耶奶油醬的清爽版，加入了打發的蛋白或蛋白霜。這裡示範的是，用來作為檸檬慕斯的基本原料。

用碗口寬大的低腳杯來盛裝慕斯，看起來很優雅。可依喜好搭配低脂、酥脆的餅乾。

1 不斷攪拌帕堤西耶奶油醬直到滑順。加入已溶解的吉力丁攪拌。

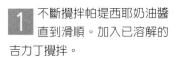

2 加入義式蛋白霜混合均勻，然後將慕斯舀入容器裡，放入冷藏數小時。

3 擠上打發鮮奶油，和一點糖漬檸檬皮裝飾。

檸檬慕斯 LEMOM MOUSSE

鮮奶 200ml
蛋 4顆
細砂糖 240g
玉米細粉 20g
磨碎的檸檬皮和檸檬汁 1顆
吉力丁片 3片，或
吉力丁粉 2又3/4小匙
水 6大匙

用鮮奶、蛋黃、40g細砂糖，和玉米細粉，來製作帕堤西耶奶油醬(作法請參閱116頁)。然後加入檸檬皮攪拌，用保鮮膜包起來，靜置降溫到微溫。

將吉力丁放入水中浸泡，或用2大匙的水來溶解吉力丁粉，到呈海綿狀。加熱檸檬汁到沸騰，等稍冷卻後，加入撈起的吉力丁片，或已呈海綿狀的吉力丁，使其溶解其中。

用剩下的糖和水，來製作義式蛋白霜(作法請參閱68頁)。攪拌帕堤西耶奶油醬，然後加入已溶解的吉力丁攪拌。加入蛋白霜混合均勻。用湯匙將慕斯舀入容器內，然後冷藏到凝固。這樣可以做出8人份。

極品巧克力蛋糕
Chocolate Suprème

海綿蛋糕夾層，包裹在巧克力慕斯和香草鮮奶油之間，
再作成長條狀的甜點。
表面餡料有濃郁的巧克力醬汁和可可粉兩種口味，
正好用一條什錦堅果的裝飾帶，區分成兩半。

前置作業
PREPARATION PLAN

▶ 將烤箱預熱到180℃。
▶ 製作與烘烤海綿蛋糕。
▶ 製作巧克力慕斯和香草鮮奶油。
▶ 將蛋糕定型成長條狀。
▶ 完成表面餡料並裝飾。

製作達垮司海綿蛋糕 *For the dacquoise sponge*
蛋白 8顆
細砂糖 60g
杏仁粉 110g
糖粉 110g
低筋麵粉 25g

・・・

製作巧克力慕斯 *For the chocolate mousse*
小顆蛋黃 2顆
糖漿 40ml(用25g的糖，與25ml的水做成)
巧克力 80g
打發用鮮奶油 150ml

製作香草鮮奶油 *For the vanilla cream*
鮮奶 85ml
香草莢 2顆
糖 20g
蛋黃 2顆
玉米細粉 1小匙
卡士達粉 1小匙
吉力丁粉 15g
義式蛋白霜 100g
濃縮鮮奶油 100ml

・・・

製作巧克力醬汁 *For the chocolate glaze*
巧克力 180g
打發用鮮奶油 200ml
糖 40g
葡萄糖(glucose) 40g
奶油 30g

・・・

可可粉
整顆的什錦堅果

1 首先準備達垮司海綿蛋糕。打發蛋白、加入糖，做成蛋白霜。將所有乾的材料篩過後，小心地加入蛋白內混合。然後均勻地放在舖了烤盤紙的烤盤上。放入烤箱用180℃烤約20分鐘。靜置冷卻。

2 準備巧克力慕斯。攪拌蛋黃。將糖和水加熱到120℃，慢慢地倒入蛋黃裡，並不斷攪拌，直到冷卻。融化巧克力到35℃，加入蛋黃液內混合。打發鮮奶油，迅速將它加入蛋黃液內混合(fold in)，攪拌到混合均勻。放入冷藏。

3 製作香草鮮奶油。撕開香草莢，放入鮮奶內加熱。蛋黃加入糖，一起攪拌，再加入玉米細粉和卡士達粉，再加入一點煮好的鮮奶，混合均勻，並稍微加熱。這時再加入其餘的鮮奶，煮到微滾。離火，加入吉力丁，靜置冷卻。打發濃縮鮮奶油，將它和義式蛋白霜，一起加入冷卻好的混合液拌勻，然後放入冷藏。

4 準備一個底部有弧度的長條模型，舖上膠片(acetate)，到超過模型頂部5cm的高度。順著底部彎曲的弧度，擠上一層巧克力慕斯。將海綿蛋糕切成兩半長條狀，長度和模型相同，但寬度略窄。將其中一半放在擠好的巧克力慕斯上。擠上更多的巧克力慕斯，以填滿海綿蛋糕兩邊的空隙，一直填到模型頂部，然後用抹刀抹平。

5 在海綿蛋糕上，以及填在模型兩邊的巧克力慕斯之間，擠上一層香草鮮奶油。上面再放上另一片海綿蛋糕。用香草鮮奶油填滿有空隙的地方，然後放入冷凍。

6 不要拿掉膠片，將蛋糕脫模，倒入放蛋糕的淺盤(cake board)中。如果蛋糕太長，不好處理，就切成對半。從蛋糕中央將膠片縱切成兩半，移除其中一半。在去除膠片的那一半蛋糕上，灑滿可可粉，再移除剩下的那一半膠片。

7 準備巧克力醬汁。將巧克力切粗塊，放入碗中。在平底鍋裡慢慢加熱鮮奶油、糖、糖和葡萄糖。然後倒入切好的巧克力裡，當巧克力開始融化時，慢慢加入奶油攪拌，直到所有巧克力都已融化，成為滑順的巧克力醬。等到冷卻到40℃時，用大湯匙將醬汁澆上另一邊的蛋糕，以可可粉形成的對角線為準，然後靜置待醬汁凝固。沿著表面的這條對角線，裝飾上各種不同的堅果，冷藏後上桌。

黑巧克力慕斯 DARK CHOCOLATE MOUSSE

蛋黃可以使高品質的原味巧克力更濃稠，而蛋白能增加清爽。苦巧克力可以定型慕斯。使用450g巧克力，30g無鹽奶油，100g細砂糖，和6顆蛋白和蛋黃分離的蛋。

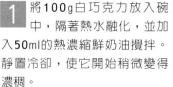

1 將巧克力放入大碗中，隔著熱水(非沸騰)，加入奶油一起融化。然後移開熱水。

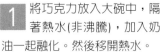

2 用一半份量的糖，和4大匙的水，來製作糖漿，煮到軟球狀(請見108頁)。待稍微冷卻後，倒入蛋黃，不斷攪拌。

3 用湯匙將已融化的巧克力，加入蛋黃內混合。加入蛋黃之前，要確定巧克力已經冷卻了，否則蛋黃會被煮熟。

4 使用剩下的糖、4大匙的水，和蛋白，來製作義式蛋白霜(請見68頁)。將2大匙的蛋白霜，加入巧克力混合液攪拌，再加入剩下的蛋白霜混合。然後將成品倒入12個咖啡杯中，冷藏。

咖啡杯很適合用來盛放黑巧克力(或白巧克力)慕斯。利用裝飾，可以做出強烈的顏色對比，如這裡示範的，黑巧克力卡拉脆(caraque)，和白巧克力做成的小葉子。

白巧克力慕斯 WHITE CHOCOLATE MOUSSE

這種慕斯是用巧克力來定型，搭配清爽的打發鮮奶油，便產生了柔軟、綿密的慕斯。

1 將100g白巧克力放入碗中，隔著熱水融化，並加入50ml的熱濃縮鮮奶油攪拌。靜置冷卻，使它開始稍微變得濃稠。

2 打發200ml打發用鮮奶油，然後加入巧克力中混合。裝入盛裝的容器中，放入冷藏。

簡單的水果慕斯 SIMPLE FRUIT MOUSSE

滋味豐富的果泥(做法請參閱113頁),可以用來代替帕堤西耶奶油醬,或巧克力。打發後的鮮奶油,可以增加果泥的濃郁度,也產生清爽、綿密的口感。要使質感更輕盈、更透氣,製造迷人的細緻度,則可加入義式蛋白霜(請見68頁)。吉力丁是定型劑。

1 溶解1大匙(15g)的吉力丁,加入450ml已加糖調味的果泥中攪拌。靜置待其開始凝固,而且質感厚實到能支撐打發鮮奶油。

2 打發300ml的濃縮鮮奶油,直到呈立體狀。舀2大匙加入果泥中攪拌,再將剩下的加入混合(fold in)。裝入上菜的容器裡,然後冷藏。冷藏好用水果裝飾。這樣可以做出4人份。

如果用水果裝飾,用少份量即可,否則會沉入慕斯裡。這裡示範的是2顆覆盆子和1枝薄荷葉,這樣就足夠了。

慕斯的盛盤創意 SERVING IDEAS

慕斯有很多種食用方式:裝入餅乾杯(biscuit cups),或巧克力杯(chocolate cups)中;作為蛋糕(gâteaux)或糕點(pastries)的內餡。

以下是幾種簡單的建議:

■ **餅乾杯裡的慕斯**
Mousse in a biscuit crust
在餡餅模(flan dish)裡,製作巧克力餅乾屑(chocolate biscuit crust)(請見80頁),裡面裝滿檸檬慕斯(請見61頁)。或者,用2顆萊姆代替檸檬,作出美味的萊姆慕斯。用磨碎的巧克力來裝飾。1人份的餡餅和迷你塔(tartlets),也可用這種方式準備。

■ **不同慕斯的搭配**
Matching mousses
在同一個上菜容器裡,組合互補的顏色和口味,如白巧克力搭配杏桃、芒果,或覆盆子。製作水果慕斯前,先準備好巧克力慕斯,並放入冷藏。使用巧克力卡拉脆(caraque),或擠花鮮奶油和水果,來裝飾。

■ **用模型定型的慕斯**
Moulded mousse
將水果慕斯放入一般模型,或鋸齒邊模型(flutedmould)裡定型。在模型的底部,擺上一層薄薄的果凍,裡面加入水果塊,當慕斯翻轉過來脫模時,就能形成一種裝飾。

蜂巢蛋糕
Nid d'Abeille

蜂蜜，和周邊蜂窩圖案的方形裝飾，
能將達垮司、鮮奶油，和蛋白霜甜點，轉變成美味的蜂巢蛋糕。
當季水果和蜂窩狀裝飾，更添夏日風情。

前置作業
PREPARATION PLAN
▶ 烤箱預熱到180℃。
▶ 烹調桃子和達垮司基底
(dacquoise base)。
▶ 準備內餡，並組合蛋糕。
▶ 製作蜂窩裝飾片(honeycombs)，
等蛋糕冷卻後加以裝飾。

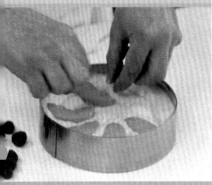

白製作達垮司基底 For the dacquoise base
蛋白 8顆
糖 80g
杏仁粉 100g
糖粉 150g
低筋麵粉 50g

* * *

製作義式蛋白霜 For the Italian meringue
蜂蜜 150g
打發的蛋白 2顆

* * *

製作蜂蜜奶油醬 For the honey cream
吉力丁 2又1/2片
加熱過的帕堤西耶奶油醬230g
打發用鮮奶油 750ml

* * *

製作蜂窩狀裝飾片 For the honeycombs
奶油 60g
鮮奶油 50ml
糖 80g
蜂蜜 40g
杏仁片60g

* * *

罐裝桃子 500g
奶油 50g
蜂蜜 80g
野草莓或覆盆子 100g
紅醋栗 100g
杏桃果醬

1 準備達垮司。蛋白加入糖後一起攪拌。加入杏仁粉、糖粉，和麵粉一起攪拌，再小心加入蛋白裡混合。烤盤上鋪好烤盤紙或蠟紙(wax paper)，擠上2個圓盤狀的達垮司，然後用180℃烘烤20分鐘。

2 加熱奶油和蜂蜜。加入桃子，連同罐裡的汁液一起。用小火煮約5分鐘。將煮好的桃子切片。

3 現在準備義式蛋白霜，和蜂蜜奶油醬。將蜂蜜煮到118℃，然後加入已打發的蛋白中混合，放一旁備用。將吉力丁浸泡在一碗冷水中。一旦軟化即取出，加入已溫熱的帕堤西耶奶油醬(請見116頁)攪拌，然後放入冰箱冷藏。打發鮮奶油，到半打發程度，然後加入已冷卻的帕堤西耶奶油醬混合。加入微溫的義式蛋白霜混合均勻，立即使用。

4 組合蛋糕。小心切除達垮司圓盤的邊緣，使其能裝入較小的蛋糕模中。將一塊圓盤放入模型中，小心地抹上一半的蜂蜜奶油醬。大方地鋪入大部分的切好的桃子，和一半的新鮮水果。將第二片達垮司圓盤置於其上，抹上剩下的蜂蜜奶油醬。輕輕地將更多的桃子，和新鮮水果壓進去(留一點作裝飾用)，然後用抹刀抹平表面。做最後裝飾之前，放入冷凍2小時，或冷藏6小時來定型。

5 準備蜂窩狀裝飾片。將奶油、鮮奶油、糖，和蜂蜜，放入平底鍋煎，到糖漿開始稍微變色。加入杏仁，然後倒入鋪了烤盤紙，或蠟紙的烤盤上。放入烤箱，用170℃烤5分鐘。從烤箱取出後，立刻切成相同大小、和蛋糕同高的方形。動作要迅速，因為裝飾片很快就會變硬。

6 蛋糕冷卻、定型後，在表面刷上融化的杏桃果醬，以增加光澤。輕輕地沿著蛋糕周圍，以重疊的方式擺放方形蜂窩狀裝飾片。用剩下的水果和蜂窩裝飾片做裝飾。

蛋白霜 MERINGUE

蛋白霜—就是加了糖的打發蛋白—出現在許多糕點料理中，
有時是沒有經過烘烤，有時則需要烤熟。
要確認蛋白沒有沾上任何蛋黃，而且器具都乾淨無油，蛋白打發才會膨脹得好。

3種蛋白霜 THREE TYPES OF MERINGUE

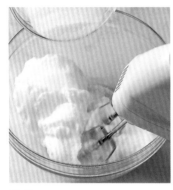

法式 FRENCH
使用115g的糖配上2顆蛋白。打發蛋白直到結實、有角狀。慢慢加入一半的糖攪拌，再加入剩餘的一半混合。這可以用來塑型、放入烤箱烘烤，或水波煮(poaching)。

瑞士式 SWISS
使用125g的糖配上2顆蛋白。將蛋白與糖放進攪拌盆內打發，同時下面墊著一鍋微滾的熱水。不斷地轉動攪拌盆，以防蛋白局部被加熱到變熟。這適合用來擠花和塑型。

義式 ITALIAN
用250g的糖，和60ml的水，做成糖漿。煮到呈軟球狀(請見108頁)。稍微冷卻。打發5顆蛋白到結實。慢慢地加入糖漿，同時不斷攪拌。這種蛋白霜質地結實、光滑。可用來擠花，作為容易烤成褐色的表面餡料，或用來使慕斯的質地更加輕爽。

蛋白霜的擠花 PIPING MERINGUE

裝袋 FILLING THE BAG
一手握住擠花袋，一手用湯匙將蛋白霜舀入袋中。在擠花嘴的上方，扭緊擠花袋，或將擠花袋套在罐子的邊緣，當做支撐，將擠花袋的上端像翻領子般往下翻，蓋住罐子的邊緣。

平滑的圓形或橢圓形
SMOOTH ROUNDS OR OVALS
使用大型的普通花嘴，手持擠花袋的方向，和烤盤之間有一點角度。用力地擠壓，以幾乎不抬起花嘴的方式，擠出平滑的形狀。

均勻的圓盤狀 EVEN DISCS
在烤盤紙上劃上1個圓形，翻面。透過紙背的這個圖案作為範本。根據您所需圓盤的大小來選擇花嘴的尺寸。垂直地握住擠花袋，從中心向外擠出。

鳥巢狀 NESTS
用星型嘴或一般嘴，擠出小圓盤狀。擠上1、2層，以形成有厚度的邊緣。要製作大型的鳥巢，就使用大花嘴，以作出較厚的邊緣。

蛋白霜整型 SHAPING MERINGUE

準備好範本—在烤盤紙上清楚地畫出所需形狀的輪廓，然後翻面。在這個形狀的中心舀上蛋白霜，然後用金屬湯匙的背面，將蛋白霜塗抹開來。製作帕芙洛娃時，在蛋白霜中間做出個凹洞，呈鳥巢狀。

帕芙洛娃 PAVLOVA

蛋白 3個
細砂糖 175g
白酒醋或水果醋 1小匙
玉米細粉 1小匙
打發過的濃縮鮮奶油 300ml
什錦水果，如草莓、覆盆子、鳳梨、奇異果

使用法式蛋白霜的作法(請見上一頁)製作帕芙洛娃的基底。將醋、玉米細粉，和另一半份量的糖，一起加入混合。然後整形成20cm的鳥巢狀(請見左方說明)。用150℃烘烤1小時。關掉烤箱，讓蛋白霜留在裡面冷卻。

在上桌的前一小時內，才加上鮮奶油和水果。

烘烤或低溫烘焙蛋白霜 BAKING OR DRYING OUT MERINGUE

蛋白霜可以高溫(220~250℃)迅速烘烤，使表面轉變成褐色。要慢慢地低溫烘焙(dry out)蛋白霜，用100℃烤1~3小時，視您所需的質感而定，或者以60℃烤5小時或更久。要維持長時間的低溫烘烤，可能的話，可用木製湯匙柄卡著烤箱門，使其微開。將蛋白霜放在舖了烤盤紙的模型、或烤盤上。

將蛋白霜塗層 COATING MERINGUE

濕潤的內餡會軟化蛋白霜。以下的技巧，可以教您如何塗層蛋白霜，避免潮濕，因此仍能維持其酥脆的口感。

塗刷 BRUSHING
在鳥巢蛋白霜的下方、內部，都刷上融化的巧克力。使用原味或白巧克力，視裝飾效果需求而定。

蘸浸 DIPPING
將定型的蛋白霜，放入融化的黑巧克力浸一下，以沾上一層平滑的巧克力，製造顏色和口感的鮮明對比。

裝滿新鮮水果的鳥巢蛋白霜。不同形狀的塗層蛋白霜，裡面夾黑巧克力、和白巧克力慕斯，再用可可粉或焦糖裝飾。

異國風味的帝王米甜點
Exotic Rice Imperatrice

這真正稱得上是帝王的甜點！

海綿蛋糕作成的皇冠，頂端綴以新鮮水果，內餡裝有綿密的米布丁，

和異國水果，並覆蓋以漩渦狀、烤過的蛋白霜。

底層則圈飾上精緻的椰子餅乾。

前置作業
PREPARATION PLAN
▶ 準備水果醬和海綿蛋糕。
▶ 製作米布丁(rice pudding)
(請見182頁)。
▶ 製作模型和餅乾。
▶ 擠花蛋白霜，然後烘烤。

製作芒果和百香果醬果凍
For the jellied sauce of mango and passion fruit
百香果果肉 125g
芒果果肉 125g
糖 35g
吉力丁 5g

• • •

製作義式海綿蛋糕 *For the Genoise sponge*
蛋 4顆
細砂糖 120g
低筋麵粉 120g

• • •

製作米奶油醬 *For the cream of rice*
糕點鮮奶油(pastry cream) 200g
吉力丁 2片
低脂鮮奶油(low-fat cream) 2ml
米布丁 100g

• • •

製作椰子瓦片餅 *For the coconut tuiles*
蛋白 2顆
糖粉 75g
椰子粉 65g
融化的無鹽奶油 50g

• • •

製作義式蛋白霜 *For the Italian meringue*
糖 250g
水 60ml
蛋白 5顆

• • •

各式水果

1 製作芒果和百香果醬，先將果肉和糖混合。吉力丁軟化後，放入隔水加熱的容器中，然後加入1/4的果肉混合。略微加熱後，再混合剩下的果肉，倒入烤盤中，放入冷藏。

2 製作海綿蛋糕。烤箱預熱到170℃。在耐熱碗中打入雞蛋，加入糖。在平底鍋裡裝進滾燙的熱水，在其上方攪拌雞蛋，到顏色變淡、質地變稠

為止。將碗從鍋上移開，繼續攪拌，直到冷卻。麵粉過篩後，用大金屬湯匙，或鍋鏟(spatula)，加入雞蛋混合液中混合。用8字形(figure-of-eight)的攪拌法，將雞蛋混合液拉起澆在麵粉上，使兩者均勻混合，卻不打出太多空氣。然後將成品倒入2個抹好油的模型中，尺寸須比最後使用的那個模型小，烘烤25分鐘，或到蛋糕膨脹並成淡金色為止。

3 製作米奶油醬。將吉力丁浸泡在冷水中。當它開始融化時，移入隔水加熱的容器中，然後加入冷藏好的糕點奶油醬混合，徹底攪拌。快速地加入鮮奶油，並混合入米布丁。

4 在圓頂模型(dome mould)裡裝入米布丁，抹平各邊，中間挖一個洞。將1塊烤好的海綿圓盤蛋糕，先浸潤上足夠的芒果和百香果果醬，再放在米布丁上。

5 使用比圓頂模型還小的金屬製圓模(round pastry cutter)，在結凍的果醬上，切出一塊圓盤，然後放在海綿蛋糕層上方。最後再放上米布丁，和第二塊浸了果醬的海綿蛋糕，剛好裝滿模型的高度。放入冷藏，使之定型。

6 最後，準備椰子瓦片餅。在1個大攪拌碗裡，打發蛋白到質地均勻。加入糖和杏仁粉，用木匙攪拌到充分混合。再加入融化的奶油，充分拌勻。然後平均地抹在塗好油的烤盤上，冷藏1小時。一旦充分冷藏好，用160℃烤3分鐘。從烤箱移出，趁其仍溫熱、塑型力佳時，用小金屬圓模切割出你要的餅乾大小，然後靜置冷卻。

7 準備義式蛋白霜(請見68頁)。使用裝上一般花嘴的擠花袋，蛋糕脫膜後，從底部到頂端，都擠上呈對角線曲線的蛋白霜。用噴槍(blow torch)炙燒蛋白霜的表面呈褐色。在蛋糕頂端空隙處裝滿熱帶水果，然後以椰子瓦片餅裝飾底部。

組合金字塔 ASSEMBLING A PYRAMID

金字塔形的蛋白霜,出現在餐桌上,外型炫目,總能引起賓客的讚嘆。它雖然看似驚人,其實組合起來一點也不難。所需要的,只不過是一雙穩定的手,能作出整齊、均勻的擠花。金字塔完成後,均勻地篩上可可粉,在頂端放上1顆胡桃(pecan nut)。

準備3～5個蛋白霜圓盤,尺寸依次遞減。將最大的圓盤,放在上菜的盤子(platter)上,或多層上菜架(serving stand)上。刷上融化的白巧克力,一旦定型後,在上面擠上咖啡鮮奶油。第二層蛋白霜圓盤,也刷上白巧克力,定型後,放在上一層蛋白霜之上,然後擠上鮮奶油。依此類推,直到整座金字塔組合完畢。

雪花蛋奶 OEUFS A LA NEIGE

蛋白 4顆
細砂糖 125g

水波煮糖漿 Poaching Syrup
水 1.5 litre
糖 300g
英式奶油醬(Crème Anglaise)
(請見116頁)
薄荷葉和焦糖(請見109頁),
裝飾用

在水裡放入糖,加熱使其溶解,繼續加熱至沸騰,然後轉成小火。
攪拌蛋白,並慢慢加入細砂糖,繼續打發蛋白到均勻結實。將蛋白霜整型呈橢圓狀。放入糖漿中,用小火煮3～4分鐘。用溝槽鍋匙撈起蛋白霜,瀝乾後放在在廚房紙巾上。
將冷藏好的英式奶油醬,倒入上菜的碗裡。將蛋白霜安置其上。用焦糖和薄荷葉作裝飾。

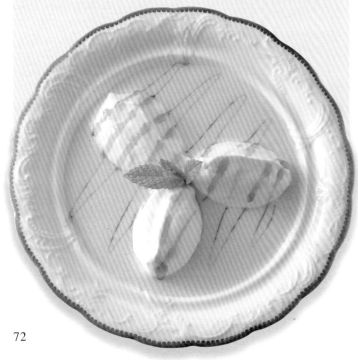

水波煮蛋白霜 POACHING MERINGUE

使用2根湯匙,將蛋白霜做出橢圓形。用1根湯匙舀起蛋白霜,接著用另1根湯匙從旁邊將之塑成橢圓狀後,直接舀入接近微滾的水波煮液體中。用小火水波煮3～4分鐘。

蛋白霜的調味 FLAVOURING MERINGUE

柑橘 CITRUS
. . . .
在已打發到結實的蛋白霜裡加入,磨碎的檸檬和橙的果皮各1顆,或是2顆萊姆的果皮,一同攪拌,或用混合的方式拌均勻。

義式濃縮咖啡 ESPRESSO
. . . .
在準備好的蛋白霜裡,加入1小匙咖啡精(coffee essence)混合,再整型。

香草 VANILLA
. . . .
在義式或瑞士式蛋白霜裡,加入1/2～1小匙的天然香草精,再加入糖,一同攪拌。

軟起士甜點
SOFT CHEESE DESSERTS

模型起司甜點 MOULDED CHEESE DESSERTS

·

烘烤起司蛋糕 BAKED CHEESECAKES

·

冷藏定型的起司蛋糕 CHILLED SET CHEESECAKES

模型起司甜點 MOULDED CHEESE DESSERTS

加入多量的水(稍候會被瀝乾)，使軟起司能用模型定型。

這些口感綿密的甜點，可以不加裝飾，作為上菜之間，清除味蕾之用，

亦可調味、裝飾，做為搭配完整一餐的甜點。

杜漢起司甜點 CREMET DE TOURAINE

打發用鮮奶油 200ml
奶油起司(cream cheese) 300g
糖粉 約50g

覆盆子庫利 Raspberry Coulis
新鮮覆盆子 400g
糖粉 80g
檸檬汁 適量

裝飾 Decoration
薄荷葉
紅色莓果，如覆盆子或其他
質地柔軟的水果

準備6個耐熱皿，舖上紗布(muslin)。在碗裡輕輕打發鮮奶油，底下舖著冰塊，然後加入奶油起司，繼續攪拌，直到混合液變得平滑、綿密。加入適量的糖粉攪拌。將成品舀入耐熱皿中，冷藏至少1小時，或1整夜。

使用覆盆子、糖粉，和一點適量的檸檬汁，來製作庫利(coulis)(請見113頁)。將甜點脫模，搭配庫利上桌。用新鮮的紅色莓果，和覆盆子庫利裝飾。

一人份的軟起司模型
INDIVIDUAL SOFT CHEESE MOULDS

使用底部有細孔的模型，才能用來瀝乾起司混合物。心型的模型看來很吸引人。將紗布裁成適當大小的方塊。

1 在模型裡舖上紗布，留出多餘的部分，使其自然地垂到模型之外。然後將模型放在托盤、或大盤子上。

2 在大碗裡輕輕打發鮮奶油，底下墊著冰塊。加入奶油起司，然後繼續攪拌，到變平滑綿密為止。

3 加入適量的糖粉攪拌，然後用湯匙舀入模型中。冷藏至少1小時，最好是放一整晚。

4 小心地將起司脫模，倒入盤子裡，輕輕取出紗布。搭配水果庫利上桌—奇異果、杏桃，或黑醋栗，亦可使用新鮮水果切片。

經典的模型起司甜點，杜漢起司甜點，可以用磨碎的檸檬或橙皮調味。這裡示範的是，搭配覆盆子庫利，再以沾了糖粉的紅醋栗裝飾。

製作俄式起司布丁 MAKING PASHKA

這是俄羅斯的復活節甜點，傳統上，是將成品放入一種高金字塔型、有細孔、鋪上紗布的模型裡，輕微擠壓，而做成的甜點。清洗乾淨、未使用過的花盆也是很好的替代品。製作俄式布丁，需要2顆蛋黃、150g細砂糖、1/2小匙天然香草精、500g奶油起司、150ml酸奶油(soured cream)、50g粗切的桑塔那葡萄乾(sultanas)、300g各式糖漬水果，如櫻桃、當歸果(angelica)、柑橘果皮、和鳳梨，額外留一點做裝飾。

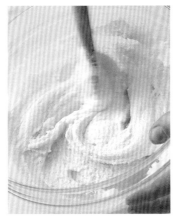

1 將蛋黃、香草、和糖放在熱水(非沸騰)上方，一起攪拌，到顏色變淡、質地變稠為止。

俄式起司布丁，可用糖漬水果、果皮、冰糖水果、或當歸果做裝飾。

2 將碗從熱水上移開，繼續攪拌到冷卻。慢慢分次加入奶油起司，和酸奶油。

3 加入糖漬水果，然後用湯匙舀入墊著紗布的過濾器裡，下面墊著1個碗。

4 在起司上放1個小盤子或碟子，上壓重物，以過濾出多餘的水分。

使用不同種類的起司 CHEESE VARIATIONS

你可以使用不同種類的起司，來製作模型起司甜點。這些起司應該要新鮮、口味清淡，質感濃郁綿密。牛奶和羊奶起司都包括在內，但脂肪含量、質感、口味會隨種類而有很大的不同。可以參考下列的起司：

鄉村起司 Cottage cheese
奶油起司 Cream cheese
凝乳狀起司 Curd cheese
新鮮白起司 Fromage frais
瑪斯卡邦 Mascarpone
瑞可塔起司 Ricotta

5 冷藏一整晚。塑型起司時，將起司壓入4個鋪了紗布的奶油小圈餅模(dariole moulds)。冷藏1又1/2～2小時。脫模時，先用盤子蓋在模型上方，然後將兩者同時翻轉過來。然後拿起模型，撕除紗布。

瑪斯卡邦無花果
Mascarpone Figs

起司和水果都是很受歡迎的甜點要角。

這裡示範的甜點，結合了兩種具異國風味的不同變化。

口感綿密的瑪斯卡邦，搭配甜甜的無花果，相得益彰，

盛裝在酥脆可口的肉桂奶油酥餅上。

前置作業
PREPARATION PLAN

▶ 製作奶油酥餅(shortbread)，可以在組合甜點的好幾天前就先做好。

▶ 用1塊濕布清理無花果。

製作肉桂奶油酥餅 For the cinnamon shortbread

奶油 150g

細砂糖 90g

杏仁粉，或磨碎的杏仁粒 30g

大型雞蛋 1顆

低筋麵粉 250g

肉桂粉 1小匙

· · ·

製作瑪斯卡邦奶油醬 For the mascarpone cream

瑪斯卡邦 125g

濃縮鮮奶油 250ml

糖 50g

肉桂粉 1撮

· · ·

製作焦糖無花果 For the caramelized figs

糖 150g

肉桂棒 1根

迷迭香 2枝

無花果 6個

檸檬汁 1個

· · ·

迷迭香 (rosemary)

1 準備肉桂奶油酥餅。將奶油和細砂糖一起攪拌到乳化，然後加入杏仁粉，再加入雞蛋。將麵粉和肉桂粉一起過篩後，也加入攪拌。攪拌直到質地均勻，放入冰箱冷藏。冷藏後，從冰箱取出，將麵糰揉成約2～3cm的厚度。然後切出8個8x5cm的方形。放入烤箱，用160℃烤15分鐘，到呈黃褐色(golden brown)。

2 準備瑪斯卡邦奶油醬。在濃縮鮮奶油裡加入糖，打發直到兩者完全混合，然後分次，慢慢加入瑪斯卡邦裡，直到呈現滑順、濃郁、綿密的質感。最後加入肉桂粉，充分混合。靜置一旁備用。

3 最後準備無花果。在煎鍋(sauté pan)中，加熱糖、肉桂棒和迷迭香，直到開始呈焦糖化。加入無花果，再加入檸檬汁。以小火煮幾分鐘，不時攪拌，直到無花果開始轉成褐色，離火。先不要切開無花果，以保持熱度。

4 用2根湯匙，將瑪斯卡邦奶油醬，塑形成8個相同大小的梭形。拿一片奶油酥餅，在上面放2塊瑪斯卡邦奶油醬，再蓋上一片奶油酥餅。依此類推，直到所有的餅乾用完為止。

5 將無花果縱切成二半，趁著溫熱，放在上層的奶油酥餅上。最好是先將所有的餅乾都排列好後，再一次切好無花果放上去，以免變涼。將這些排好無花果的奶油酥餅，放在小盤子裡，澆上一點煎無花果的醬汁，盤子周圍也澆一點。用迷迭香裝飾，趁熱馬上上桌。

名稱逸趣 What's in a Name?

瑪斯卡邦是一種雙倍或三倍濃縮的濃郁牛奶起司，起源於義大利北部倫巴底(Lombardy)地區。它的質地多樣，從清爽的凝乳奶油狀，到室溫下如奶油般的結實狀都有。

雖然它通常都是以原味販售，但義大利弗勒立(Friuli)地區的當地特產，就是用鯷魚(anchovies)、芥末(mustard)、和辛香料調味的瑪斯卡邦，最常見的是加了水果甜味的版本。瑪斯卡邦的口味細緻，非常適合搭配各種不同的口味，單獨品嚐，或上面加入水果都一樣美味。

烘烤起司蛋糕 BAKED CHEESECAKES

烘烤起司蛋糕時，要追求的是略顯乾燥(slightly dry)的質感，
不是濕而厚重。搭配濃郁的烘烤起司蛋糕，選擇傳統的方式最美味，
如水波煮或燉煮的水果，和好幾大匙的酸奶油。

烘烤起司蛋糕可均勻灑上糖粉，搭配新鮮水果，和一點水果庫利，如這裡示範的覆盆子庫利。

製作烘烤起司蛋糕
MAKING BAKED CHEESECAKES

原味的起司蛋糕就很美味，但若想追求一點不同的口味，可以在加入蛋白混合前，加入75g切碎的柑橘類果皮，和桑塔娜葡萄乾，再照一般程序烘烤。

1 在扣環式圓形活底烤模(springform tin)上均勻抹油，再鋪上甜酥麵糰(pâte sucrée)，將其推展到緊貼模型的邊緣。均勻刺上細孔，冷藏，然後空烤酥皮(bake blind)。

2 準備內餡。在最後一分鐘，再加入蛋白混合。混合好的質地，應該是輕而柔軟，類似打發海綿蛋糕。

烘烤起司蛋糕 BAKED CHEESECAKE

用200g的低筋麵粉、130g的奶油、80g的細砂糖，和1顆蛋黃，來製作甜酥麵糰(做法請參閱122頁)。

內餡 Filling
雞蛋，蛋黃和蛋白分開 4顆
細砂糖 100g
奶油起司 250g
凝乳起司或夸克(quark) 250g
磨碎的檸檬皮
低筋麵粉 60g
酸奶油 4大匙
糖粉，篩在表面

取一25cm的扣環式圓形活底烤

模，抹好油後，在底部鋪上製作好的甜酥麵糰。在麵糰上刺上細孔，冷藏30分鐘，然後用170℃烤10分鐘。

蛋黃裡加入糖，一起攪拌，直到顏色變淡，質地變稠。慢慢加入鮮奶油、凝乳起司(或夸克)，和檸檬皮一起攪拌。再加入過篩的麵粉，以及酸奶油混合均勻。

打發蛋白直到變得結實，然後加入混合。將混合液倒在烤好的甜酥麵皮上，然後用160℃烤1又1/2小時，直到凝固呈金黃色。待其冷卻後冷藏數小時，篩上糖粉，再上桌。

3 將混合好的內餡，均勻地倒在甜酥麵糰上，放入烘烤，直到其膨脹成金黃色(deep golden)。觸摸蛋糕中央，應感覺凝固有彈性。

4 從烤箱取出，放在隔熱墊(support)上，放涼。這種起司蛋糕，在冷卻後通常會縮小一點。

一人份的起司蛋糕 INDIVIDUAL CHEESECAKES

基本的起司蛋糕混合液,可以裝在小糕餅模、約克夏布丁模,或馬芬模(muffin tin)裡烘烤,即成一人份的起司塔。也可使用金屬環(metal rings),將它們放在烤盤上。製作烘烤起司蛋糕,需要1份甜酥麵糰(請見上一頁),和1/2份起司蛋糕內餡(請見上一頁),可以做出12個馬芬模的份量。

底層的變化 BASE VARIATIONS

- 在模型裡鋪上薄麵皮(pastry),要大到超出模型邊緣。裝入內餡,用多餘的麵皮蓋起來,形成1個完整的盒狀,修剪掉多餘的部分。
- 烘烤鋪在模型裡的,薄層打發海綿蛋糕(whisked sponge)(請見118頁)。
- 烘烤鋪在模型裡的,薄層甜酵母麵糰(sweet yeast dough)。

1 在馬芬模裡抹好油,鋪上甜酥麵糰。修剪掉超過模型頂部的部分,然後半烤(part bake)10分鐘。

2 用湯匙將內餡舀入,到2/3滿。加上一點黑醋栗果醬,然後用160℃烘烤約25～30分鐘。一旦冷卻後,即做裝飾。

杏仁瑞可塔起司蛋糕 ALMOND RICOTTA CHEESECAKE

用225g的低筋麵粉、100g的杏仁粉、苦杏仁油、130g的奶油、80g的細砂糖,和1顆蛋黃,來製作甜酥麵糰(請見122頁)。

內餡 Filling
雞蛋,蛋黃和蛋白分開 4顆
細砂糖 100g
瑞可塔起司 500g
果汁和磨碎的檸檬皮 1顆
低筋麵粉 60g
天然香草精 1小匙
什錦乾燥和糖漬水果 150g
杏仁粉 100g
杏仁片和糖粉,裝飾用

在麵粉裡加入100g的杏仁粉、數滴苦杏仁油和蛋黃,來製作甜酥麵糰。取一25cm的扣環式圓形活底烤模,抹好油後,鋪上麵糰。

現在製作內餡,蛋黃裡加入細砂糖,一起攪拌,直到顏色變淡,質地變綿密。再慢慢加入起司、檸檬汁、檸檬皮,和香草精一起攪拌依續加入過篩的麵粉、杏仁粉和水果拌勻。打發蛋白直到結實,加入混合。然後倒在烤好的麵皮上,撒上杏仁片,用170℃烘烤1又1/4個小時,直到定型並呈金黃色。放一旁冷卻,再冷藏數小時,上桌前篩上糖粉。

冷藏後定型的起司蛋糕
CHILLED SET CHEESECAKES

不經烘烤,而用吉力丁定型的起司蛋糕,是較現代的料理作法。

這道甜點通常都不能免俗地用水果做表面餡料。

餅乾屑
BISCUIT CRUSTS

壓碎的餅乾屑,常常用來做為定型起司蛋糕的底層。這些餅乾屑,是用融化的無鹽奶油來凝結,然後放入模型裡壓緊,再冷藏到定型。消化餅(digestive biscuits)尤其適合,因為它不會太甜,做出的底層質感酥脆。也可單獨使用其他種類的餅乾,或加入消化餅混用。例如,可以嘗試杏仁蛋白餅(macaroons),或巧克力糖衣的餅乾。但使用的餅乾,品質一定要好。

1 將餅乾放入塑膠袋裡,用擀麵棍(rolling pin)拍碎,或滾過壓碎。或者,也可使用食物處理機,連續開動馬達數次,使餅乾能均勻地被壓碎。

2 將奶油放入平底深鍋裡融化,然後加入餅乾屑攪拌。離火,裝入模型裡,用金屬湯匙的背面壓實。冷藏直到定型。

製作定型起司蛋糕 MAKING A SET CHEESECAKE

檸檬起司蛋糕的食譜,非常適合用來搭配不同水果的表面餡料。您也可加入切好的新鮮水果。起司混合液的質感要盡量均勻。

1 將水和糖煮到軟球狀的糖漿,然後以穩定的細流狀,加入蛋黃裡攪拌。繼續攪拌直到冷卻。

2 將奶油起司、檸檬皮、檸檬汁,加在一起攪拌。然後加入溶解的吉力丁攪拌。慢慢加入步驟1完成的蛋黃,攪拌到質地均勻。

3 混合入打發好的鮮奶油。將成品放在做好的餅乾屑底層上,然後冷藏到定型。

檸檬起司蛋糕
LEMON CHEESECAKE

消化餅 250g

無鹽奶油 130g

糖 160g

水 125ml

吉力丁粉 15g

蛋黃 6顆

磨碎的檸檬皮和果汁 1顆

奶油起司 500g

打發用鮮奶油 400ml

用消化餅和奶油來製作餅乾底層(請見左邊的步驟詳解)。然後裝入25cm的扣環式圓形活底烤模裡壓實,然後冷藏直到變硬。

製作糖漿。在平底深鍋裡加入80ml的水,讓糖在其中溶解,煮到呈軟球狀(請見108頁)。在耐熱碗裡加入蛋黃攪拌,以細流狀加入糖漿,同時不斷攪拌,直到顏色變淡、質地變稠。繼續攪拌到冷卻。

在剩下的水中溶解吉力丁。一起攪拌奶油起司、檸檬皮和檸檬汁,再加入溶解的吉力丁攪拌。然後將其慢慢加入蛋黃混合液中。

打發鮮奶油直到呈立體,然後一起加入混合。接著倒入模型裡,餅乾底層之上,抹平表面,冷藏數小時直到變硬。

新鮮水果表面餡料
FRESH FRUIT TOPPINGS

桃子、莓類和熱帶水果,都很適合作為檸檬起司蛋糕的表面餡料。依照水果的種類來處理水果。使用相同大小的水果,或將它們切成一樣大小。

1 要將桃子排出精細的設計,須先從邊緣開始,用部份重疊的方式,完成大部份的表面。用對稱的方式進行。

2 接近中央的地方,要排得更緊密。完成後,刷上杏桃或紅醋栗果膠(glaze)。

水波煮水果表面餡料
POACHED FRUIT TOPPINGS

水果可放在淡度糖漿裡水波煮。水果冷卻後,可用來製作表面餡料。在糖漿裡加一點竹芋(arrowroot),可使其變成黏稠的果膠,然後澆在水果上。

1 在蛋糕表面的四周,擠上一圈打發鮮奶油,一來修飾邊界,二來可容納濃稠的醬汁。

起司蛋糕的調味 FLAVOURING CHEESECAKE

水果果泥 FRUIT PUREE

果泥可用來代替蛋黃混合液。將160g的細砂糖,加入奶油起司和檸檬汁裡,一起攪拌。省略檸檬皮。慢慢加入300ml的果泥攪拌(如杏桃、草莓、覆盆子),再加入吉力丁。再按照一般的作法,加入打發鮮奶油混合。

萊姆或橙 LIME OR ORANGE

可以用萊姆或橙的,磨碎果皮和果汁,來代替檸檬。

深紅色的櫻桃,正好和奶油色的起司蛋糕,形成美麗的顏色對比。

2 將冷卻好的水果放在蛋糕上排好,然後小心地用湯匙舀上,冷卻但尚未凝固的糖漿。

一人份水果起司蛋糕 INDIVIDUAL FRUIT CHEESECAKES

薄層原味打發海綿蛋糕，如瑞士捲(Swiss Roll)的作法(請見118頁)，可作為檸檬起司蛋糕的底層(請見80頁)。要製作一人份的冷藏水果起司蛋糕，就把海綿蛋糕切成，可裝入如金屬環般小模型的大小。

1 在**7.5 cm**的金屬環內層，抹上一層甜杏仁油，然後用來切割出，圓盤狀海綿蛋糕。將金屬環放在托盤上，讓海綿蛋糕固定在金屬環裡。

2 澆上數湯匙的櫻桃白蘭地(kirsch)，或另一種利口酒(liqueur)，來濕潤海綿蛋糕。

3 在海綿蛋糕上放上新鮮水果，如切成對半的草莓。

4 接著裝入檸檬起司蛋糕混合液，確定水果完全被覆蓋住，然後放入冷藏。用薄刀刃的刀，將起司蛋糕從模型裡鬆開，再向上拿起模型。用金屬鏟(metal slice)或抹刀，將起司蛋糕轉移到盤子上。

草莓切片，沾滿溫熱的紅醋栗果醬，可用來裝飾一人份的起司蛋糕，再加上打發鮮奶油擠花，和橙皮絲。

麵糊和蛋捲
BATTERS & OMELETTES

可麗餅和煎餅 CREPES & PANCAKES

格子鬆餅 WAFFLES

烘烤麵糊布丁 BAKED BATTER PUDDINGS

餡餅 FRITTERS

蛋捲 OMELETTES

可麗餅和煎餅 CREPES & PANCAKES

製作薄脆的可麗餅和煎餅時，有兩大基本成功要訣：
控制麵糊質地的均勻，以及烹飪時的溫度。

製作花邊可麗餅 MAKING LACY CREPES

要製作法式精緻可麗餅，最重要的是麵糊的厚度要薄，質地卻要濃郁。鍋子的溫度要夠高，能迅速凝固麵糊，但又不會馬上燒焦。在做第一片可麗餅時，通常不容易調整到適當的溫度，常常在能夠翻面、而不致破掉之前，就已經變成黃褐色了。

1 在平底鍋裡放入一點澄清奶油(clarified butter)，或一般的食用油，倒掉多餘的部份。用有一點傾斜的角度握住鍋子，然後倒入一點麵糊。

2 一邊倒，一邊傾斜鍋子慢慢旋轉，使麵糊均勻地敷上薄薄的一層。

3 當底下那面轉成金黃色時，即可用抹刀插入，鬆動後翻面。搖晃一下鍋子，使可麗餅攤平。

4 繼續加熱，到另一面亦轉成金黃色。移到烤盤紙上。使用烤盤紙，來間隔每張可麗餅，以免沾黏。

製作可麗餅麵糊 CREPE BATTER

低筋麵粉 100g

鹽 1/2小匙

蛋 3顆

蛋黃 1顆

鮮奶 175ml

水 75ml

融化的澄清奶油 25g，
或食用油 1大匙

按照製作麵糊的基本技巧(請見125頁)，最後加入融化的奶油。然後將麵糊包好，放入冷藏30分鐘。如果馬上進行烹調的話，麵糊會稍微膨脹，或開始起泡。冷藏好後，檢查一下麵糊的均勻度，如果太過濃稠，就加一點鮮奶。

可麗餅和煎餅的盛盤創意 SERVING CREPES AND PANCAKES

選擇少而精緻的內餡,來搭配薄的可麗餅,較厚的可麗餅,則使用份量較多的內餡。可參考以下的建議。

■ 灑上一點檸檬汁和細砂糖。

■ 罐頭水果或果醬。

■ 爐烤(grilled)水果。

■ 水波煮水果或果泥(puréed fruit)。

■ 加入帕堤西耶奶油醬(請見116頁),原味或以水果調味皆可。

■ 融化的巧克力,和烤過的榛果碎粒。

■ 楓糖。

■ 熱而稠的(thickened)糖煮水果糖漿。

■ 英式奶油醬(請見116頁)。

■ 冷薑汁(ginger syrup)(從糖漬薑片罐取出)。

■ 熱巧克力醬(請見115頁)。

摺疊可麗餅 FOLDING CREPES

傳統上,可麗餅要摺成扇形。先將可麗餅對半摺好,再對半摺成四分之一的原大小。這種摺法可以透視內餡。其它的摺法有方形(pannequets),和煙捲形(cigarettes),可將內餡完全包覆。

扇形

方形

煙捲形

方形 PANNEQUETS

要將可麗餅摺成方形時,先將相對的兩邊向中間摺,蓋住內餡。然後將靠自己的第三邊往上摺到中央,再將頂部這一邊往下摺,蓋住第三邊。

煙捲形 CIGARETTES

要將可麗餅摺成煙捲形時,先將相對的兩邊向內摺,但不及中央處,然後從靠自己的底部,開始往上捲到頂部。注意捲的時候,不要把內餡擠出來了。

水果內餡的可麗餅 FRUIT-FILLED CREPES

柔軟的水果,如草莓,應撒上糖粉調味。也可使用爐烤水果,或油煎水果(請見16頁)—試試爐烤香蕉片,或油煎鳳梨塊。水波煮水果和果泥(請見113頁),也是很理想的內餡。可麗餅填好內餡後,放在抹好奶油的耐熱盤上,均勻撒上糖粉,上桌前放入烤箱略熱一下。

煮過的水果 COOKED FRUIT

將內餡,這裡示範的是糖煮櫻桃(請見15頁),用湯匙舀到可麗餅的四分之一處。先摺成對半,再對半摺成四分之一。

整顆水果或水果塊 WHOLE OR CHUNKY FRUIT

用湯匙小心地將整顆水果或水果塊,裝入可麗餅中。要等到食用前才進行,以免可麗餅都被水果汁液浸濕了。

可麗餅鍋 CREPE PANS

可麗餅鍋與布利尼餅鍋(blini)(請見87頁),有緩緩傾斜的邊緣,寬度亦大,方便翻動食物。傳統上,是由鑄鐵(cast iron)製成,因此可使食物均勻受熱。鍋子不應用清潔劑刷洗,但應該經過調養(seasoned):先加一點油,並用鹽摩擦,然後擦拭乾淨,再加一點油,同時加熱,再擦拭乾淨。鍋子使用後,用廚房紙巾沾上乾淨的油來抹一遍。必要的話,抹上一點鹽,再用油來擦拭乾淨即可。

多層可麗餅
LAYERED CREPES

可麗餅可以塗上內餡,一層一層疊上去,做成可麗餅蛋糕(crêpe gâteau),或煎餅疊層(pancake stack)。內餡不要產生汁液,不要塗太厚,才可幫助可麗餅層固定,或使用活動圓模(metal ring mould),或底部可活動的模型(loose-based tin),來固定可麗餅的位置。(煎可麗餅時,要注意其大小符合模型的尺寸。)按照標準程序煎麵糊,煎最後一片可麗餅時,轉成小火,使其顏色呈淺金色。將這一片放在最上面,然後上桌。

1 抹上不生汁液(firm)的內餡,如瑞可塔起司(ricotta cheese)和糖漬水果(candied fruit),抹薄薄的一層。可麗餅可疊在烤盤紙上,或模型裡。

2 將淺金色的可麗餅放在頂端,使這一疊甜點看來亮眼,亦能突出表面餡料。

3 烘烤前,在表面的可麗餅刷上一點熱糖漿。使用檸檬或義大利杏仁酒(Amaretto),來增加光澤。

煎餅疊層的裝飾,要搭配內餡的口味。這裡示範的是,撒上烤杏仁片和糖粉,來搭配瑞可塔起司,和糖漬水果。亦可嘗試不同口味的醬汁(sauce)、融化的巧克力,或蜂蜜。

舒芙雷可麗餅 SOUFFLE CREPES

舒芙雷和可麗餅的口味十分搭配,這道甜點看起來也很漂亮。先做好煎餅,最後一分鐘再製作舒芙雷內餡。

在可麗餅上略偏離中心處,用湯匙舀上一些舒芙雷混合液,再將可麗餅摺上,到近對半處。然後放到抹好奶油的淺耐熱盤上。在可麗餅上撒一點糖粉,然後用20℃烤約5分鐘,直到舒芙雷膨脹,剛剛凝結時,立刻上桌。

可麗餅蛋糕和舒芙雷可麗餅的內餡
CREPE FILLINGS FOR GATEAUX & SOUFFLES

■ 加糖調味的果泥。搭配香堤伊奶油醬(Crème Chantilly),或英式奶油醬食用。

■ 加糖調味的栗子(chestnut)泥,加入2大匙蘭姆酒,和打發的濃縮鮮奶油混合。搭配巧克力醬食用。

■ 瑞可塔起司和新鮮水果切塊,或糖漬水果。搭配水果醬(fruit sauce)或加味糖漿食用。

■ 要製作香草口味,先製作香草舒芙雷(請見60頁),將鮮奶減少到300ml,使用4顆蛋,以做出較不生汁液的內餡,以免溢出可麗餅外。其他口味的舒芙雷,用類似的方式調整一下,也可用來製作可麗餅的內餡。這道甜點要搭配水果醬,或熱糖煮水果食用。

煎爐煎餅 GRIDDLE PANCAKES

低筋麵粉 225g
塔塔粉(cream of tartar) 1小匙
小蘇打 1/2小匙
細砂糖 25g
雞蛋 2顆
鮮奶、白脫牛奶(buttermilk)、
或鮮奶油(single cream)
約300ml
融化的奶油 50g

將麵粉、塔塔粉和小蘇打,過篩、倒入碗裡。加入糖攪拌。在中央挖一個洞,將蛋打入,並慢慢加入鮮奶、白脫牛奶、或鮮奶油,以及融化的奶油,做出質地均勻而濃稠的麵糊。麵糊做好後,應馬上使用(請見右邊的步驟說明)。

製作煎爐煎餅 COOKING GRIDDLE PANCAKES

這些小而厚的煎餅,又名為滴落司康(drop scones)、蘇格蘭煎餅(Scotch pancakes)、美式煎餅(American pancakes),是傳統的午茶點心,搭配奶油和細砂糖食用。要拿來當做特別的早餐或甜點的話,可搭配略煎過的(pan-glazed)水波煮水果,最好是味道強烈略苦的種類─試試油煎水波煮蘋果丁,搭配英式奶油醬或香堤伊奶油醬,再撒上肉桂粉。

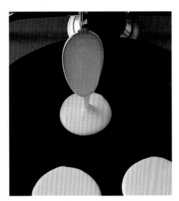

1 在加熱的煎爐上,抹上澄清奶油。舀一甜點匙(dessert spoon)的麵糊,提得高高地在煎爐上(如此麵糊會形成一個整齊的圓形),然後垂直地握著湯匙,滴下麵糊。

2 當麵糊開始起泡並凝結,表面仍略濕時,即可翻面,到變金黃色為止。

3 在加熱過的盤子上,鋪上一條熱布巾,在所有的麵糊處理完前,先將做好的煎餅放在裡面,包好保溫。

4 在225g的小紅莓裡,加入4大匙的波特酒(port)共煮,直到變軟。加入175g的糖,和2顆去皮、去核、切丁的烹飪用蘋果。繼續煮到蘋果變軟。

5 小心地在每個做好的煎餅上,放上煮好的小紅莓和蘋果。篩上細砂糖或糖粉後上桌。

布利尼餅 BLINIS

低筋麵粉 120g
泡打粉(baking powder) 12g
蛋1顆
糖 30g
鮮奶 125ml
已軟化的奶油 30g

將麵粉和泡打粉過篩,倒入碗中,加入蛋和糖。一邊攪拌,一邊慢慢加入鮮奶,再加入軟化的奶油。在鍋裡熱一點油,用甜點匙滴入一些麵糊。接著按照製作煎爐煎餅的方式繼續完成(步驟如上)。搭配一些水果和甜味的表面餡料,馬上上桌。

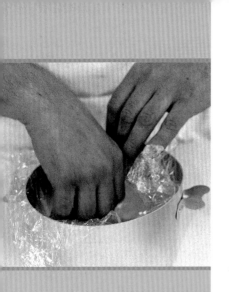

橙味可麗餅蛋糕
Orange Crêpe Gâteau

這道外形出色的甜點，是由一片片可麗餅組合起來的，
先裝入模型裡，再加入康圖酒(Cointreau)調味的橙味奶油醬內餡，
然後在表面淋上杏桃膠汁(apricot glaze)。
最後用湯匙淋上更多的康圖酒，點火燃燒，製造令人驚嘆的句點。

前置作業
PREPARATION PLAN
▶ 預先準備好麵糊，冷藏24小時
後再使用。
▶ 用材料中的一顆橙，磨碎其果
皮，製作橙味奶油醬，然後將
果肉蓋好，以免變乾。

製作可麗餅麵糊 *For the crêpe batter*
低筋麵粉 100g
蛋 4顆
鹽 2.5g
鮮奶 200ml
濃縮鮮奶油 100g
融化的奶油 30g
啤酒 2大匙

- - -

製作橙味奶油醬 *For the orange cream*
鮮奶油 200ml
糖粉 20g
橙皮(zest) 1/2顆
康圖酒 1大匙

- - -

製作杏桃膠汁 *For the apricot glaze*
杏桃果醬 100g
水 50ml

- - -

橙 4顆
康圖酒 2大匙

1 製作可麗餅麵糊。將麵粉、蛋、鹽、糖，混合均勻。慢慢按照順序加入鮮奶、鮮奶油、融化的奶油，攪拌均勻。加入啤酒混合均勻，放置一旁備用。

2 製作橙味奶油醬。將鮮奶油倒入冷藏過的碗裡，加入糖粉攪拌。在鮮奶油即將打發到呈立體前，先加入磨碎的橙皮，再加入康圖酒。混合均勻後，放入冷藏。

3 取一顆橙，去皮，分開一瓣瓣的橙肉。剝除白色的中果皮(pith)，和橙肉外的皮(membranes)。用布或碗輕輕覆蓋，然後靜置一旁備用。

4 用不沾鍋來製作可麗餅。如果麵糊太濃稠，在下鍋前，可先加入一點鮮奶稀釋。在鍋裡放一點奶油加熱。接著舀入1～2大匙麵糊，將鍋子傾斜轉一下，使麵糊均勻地覆蓋鍋底。加熱約2～3分鐘，到可麗餅的邊緣翹起，底下那面變金黃色。翻面繼續加熱2～3分鐘，到另一面也呈金黃色。繼續同樣的方法，處理完剩下的麵糊，總共至少需要做出12～14片可麗餅。當所有的可麗餅都做好時，將它們放入熱烤箱內保溫，同時接著處理模型的部份。

5 將3～4片可麗餅，和幾瓣橙肉放置一旁，做最後裝飾用。取出一個12cm的夏綠蒂模(charlotte mould)。為了方便脫模，先在模型裡鋪上保鮮膜，要留出足夠的大小，垂出模型之外，當蛋糕做好時，能覆蓋住頂部。接著在模型裡鋪上2片可麗餅，邊緣亦垂出模型之外。

6 將橙味奶油醬裝入擠花袋中，在鋪好的可麗餅上擠一層。將3～4瓣橙肉壓入奶油醬裡，再用1片可麗餅蓋住，多出的邊緣要摺進去。繼續這樣的步驟，直到快到達模型的頂部。再擠上一層奶油醬，將最初那2片可麗餅，垂掛在模型外的部分往頂部摺。接著亦將保鮮膜往上摺，蓋住頂部的可麗餅。放入冷藏2～3小時，使之完全冷卻。

7 等到準備上菜時，再製作杏桃膠汁。在平底鍋裡，用小火加熱杏桃果醬，直到開始呈液體狀時，加水，繼續煮到沸騰，同時不斷攪拌。離火，讓它稍微冷卻，同時，將可麗餅蛋糕脫模，移除保鮮膜。將果醬膠汁過濾，倒一半的份量在蛋糕上。拿取之前放置一旁的3～4片可麗餅，一片一片刷上，或沾入，杏桃膠汁中，然後摺成漂亮的形狀，放置在蛋糕頂部做裝飾。將剩餘的橙肉放在其中空隙處。端上蛋糕時，澆上剩下的康圖酒，然後點火燃燒。

水果煎餅 FRUIT PANCAKES

完美的水果煎餅應該是有點膨脹、酥脆、美味多汁，或略帶水果的苦味，視使用的水果而定。在麵糊裡加入蛋白，使之輕盈，然後加入切好的水果混合(fold in)。水果的處理方式，依其種類而定，但要去除堅硬的果皮，去核。使用225g的水果－蘋果、李子、鳳梨、櫻桃、或藍莓，75g的低筋麵粉、2大匙的細砂糖、100ml的鮮奶油(single cream)、1顆雞蛋，蛋黃和蛋白要分開，上桌時搭配細砂糖、糖粉、或肉桂粉吃。剛出爐的水果煎餅最好吃，所以做好後要立即上桌。

1 麵粉過篩，倒入碗中，將糖拌入。加入鮮奶油和蛋黃，使麵糊濃郁滑順。加入打發呈結實的蛋白混合，但先不要完全攪拌。

2 加入處理好的水果混合(fold in)，使其均勻地分散在麵糊裡。這個步驟也會使蛋白被均勻地混合。

3 先加熱澄清奶油，然後倒入1匙水果煎餅麵糊。在麵糊固定前，用湯匙尖端，來平均安排水果的位置。

4 依水果的種類，調整溫度。在麵糊凝固、底下那面轉呈金黃色前，較硬的水果需要多一點的時間來煮。較軟的水果，如藍莓，則時間較短。用鏟子小心地將煎餅翻面。

不同的水果口味 FRUIT FLAVOURINGS

柑橘類 CITRUS FRUIT

柑橘類水果很適合這種麵糊。將水果去皮、去除中果皮、去籽，然後切丁。可以嘗試混合某些種類的水果，如檸檬和萊姆，橙和檸檬。柑橘類水果煎餅，非常適合做為冬日午茶點心。可依喜好在麵糊裡加一點檸檬汁，增加刺激的口感。

乾燥水果 DRIED FRUIT

將乾燥水果切丁。料理前可先用酒浸泡，以增

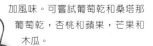

加風味。可嘗試葡萄乾和桑塔那葡萄乾，杏桃和蘋果，芒果和木瓜。

新鮮水果 FRESH FRUIT

如果使用的水果尺寸過大，先切小丁，使其能均勻分散在麵糊裡。例如，蘋果和李子要切薄片，鳳梨切小丁，櫻桃切對半。小型莓類－藍莓和覆盆子－可以整顆使用。

格子鬆餅 WAFFLES

如同煎爐煎餅，格子鬆餅的麵糊，
是藉由自發粉(self-raising flour)，或蛋白等膨脹劑，
來達到膨脹的效果。成品清爽而鬆脆。

格子鬆餅的麵糊 WAFFLE BATTER

低筋麵粉 175g
泡打粉 2小匙
鹽 1/2 小匙
糖 2小匙
蛋，蛋黃蛋白分開 2顆
鮮奶 225ml
融化的奶油 85g

將低筋麵粉過篩，倒入碗中，和泡打粉、鹽混合，再加入糖攪拌。另取一碗，打入蛋黃、鮮奶、奶油，攪拌均勻後，加入低筋麵粉中，混合均勻。打發蛋白到結實，也加入麵糊中混合。完成的麵糊，應是質地均勻而濃稠。

格子鬆餅煎爐 WAFFLE IRONS

就是這種雙面鍋具，賦予格子鬆餅，如蜂窩般的招牌外觀。傳統上，這種煎爐是由鑄鐵製成，需要放在火爐上加熱，中途必須翻面。這裡介紹的插電式的煎爐，在今日已很普及。鍋面是不沾材質，並且兩面都有加熱裝置。一旦倒入麵糊，蓋上鍋蓋，麵糊就能均勻地烤熟。使用和清洗的方法，請參照廠商提供的說明。

製作格子鬆餅 MAKING WAFFLES

斯堪地那維亞(Scandinavian)地區的格子鬆餅，常常加入酸奶油(soured cream)，增加濃郁感，可搭配莓類，和多量的酸奶油一起吃。美國人則是吃格子鬆餅配糖漿當早餐。您可嘗試在麵糊裡，加入小荳蔻粉或肉桂粉調味。

1 將麵糊倒入鍋裡，用湯匙尖端將麵糊擴散到邊緣。壓下蓋子，加熱。若使用須在瓦斯爐上加熱的鬆餅鍋，則先加熱2分鐘，將鍋子翻面，再加熱第二面。

2 小心打開煎爐，必要的話，用塑膠製餐具，將黏在上層鍋面的鬆餅弄下。(不要用刀，或其它金屬餐具，刮花不沾的表面)接著將鬆餅移到盤子上。

有冷有熱一格子鬆餅搭配香草冰淇淋，撒上一點碎堅果和巧克力醬。試試油煎水波煮(pan-glazed)柑橘類水果，淋上萊姆酒用火燒後，搭配打發鮮奶油和糖漬橙皮。草莓糖煮水果，也很適合格子鬆餅，配一點凝塊奶油。用薄荷葉裝飾。

烘烤麵糊布丁 BAKED BATTER PUDDINGS

酥脆、沒有負擔的麵糊，內填鮮豔、爽口的水果，

這道吸引人的甜點，適合在晚餐宴會時準備。

因為作法簡單快速，烘烤麵糊布丁亦適合日常料理。

一人份麵糊布丁 INDIVIDUAL BATTER PUDDINGS

製作一人份時要記得，放在小器皿的麵糊，很容易就煮熟，所以像洋梨等較硬的水果，應先水波煮過，如圖所示。若要增添一點香橙的口感，可在水波煮的淡度糖漿中(請見108頁)，加入一顆磨碎的橙皮和果汁。將麵糊淋在水果上，用180℃烤30分鐘。可運用創意來選擇水果的搭配。

1 用小火水波煮洋梨，到剛好開始變軟。用刀子戳刺，測試軟度。將洋梨撈起瀝乾。

2 從底部到梗的3/4處，將洋梨切片。將洋梨放入已抹上奶油的一人份耐熱盤中，並將切片排列呈扇型。小心地倒入麵糊，然後烘烤。

大型麵糊布丁 LARGE BATTER PUDDING

克拉芙蒂(Clafoutis)是一種傳統的法式麵糊布丁，最好熱食，才能完全釋放櫻桃的風味。櫻桃是傳統的原料，但任何水果都可用這種方式料理(大塊水果需要事先煮過)。

1 櫻桃放入抹好奶油的淺耐熱盤中，用長柄杓澆上麵糊。

2 布丁烤好時，趁熱用篩網(dredge)在表面篩上糖粉。

克拉芙蒂 CLAFOUTIS

低筋麵粉 125g

鹽 1小撮

雞蛋 2顆

細砂糖 25g

鮮奶 300ml

天然香草精 1/2小匙

去核的櫻桃 500g

按照125頁的方法製作麵糊，然後加入香草精攪拌。櫻桃放入抹好奶油的淺耐熱盤中，用長柄杓小心澆上麵糊。小心不要太用力，以免櫻桃浮上麵糊的表面。用180℃烤1～1又1/4小時，直到麵糊凝固、膨脹、呈金黃色。接著用篩(dredge)在表面篩上糖粉。讓布丁稍微冷卻一下，再上桌熱食。

裝飾麵糊布丁 DECORATED BATTER PUDDING

奶香濃郁的卡士達，或略帶刺激的水果醬汁和糖漿，很適合用來呈現口味豐富的烘烤麵糊布丁，亦可用作裝飾。冰淇淋則能提供絕佳的冷熱對比。這裡示範的是，蘋果布丁用馬芬模(muffin tins)，定型成漂亮的形狀。

1 蘋果去皮、去核、切成四等份、再切成薄片，然後沾裹檸檬汁，以免變色。

2 取深度夠的馬芬模，抹上奶油，裝入蘋果，然後倒入克拉芙蒂(Clafoutis)麵糊(請見上一頁)。用180°C烤20〜25分鐘。

3 布丁烘烤的同時，將未去皮的蘋果片在淡度焦糖(light caramel)(請見109頁)中浸一下，然後放置在不沾的烤盤紙上備用。

搭配麵糊布丁的水果 FRUIT FOR BATTER PUDDINGS
- 蘋果，去皮、去核、切對半、或切4等份、或切片。
- 新鮮的杏桃，去核、切對半。
- 去核的洋李乾(prunes)，用白蘭地浸泡後瀝乾。
- 醋栗(gooseberries)整顆使用，或去皮。
- 大黃(rhubarb)，挑取柔嫩的莖部，切小段。
- 李子，去核並切對半。

蘋果布丁篩上糖粉，搭配沾滿焦糖的蘋果。杏桃麵糊布丁，先在約克夏布丁模裡定型，然後配上用杏桃庫利(coulis)點綴的卡士達，以及夏季莓果。

93

餡餅 FRITTERS

不同原料及製作方法，造就了甜餡餅多樣豐富的變化。
用酵母製作的麵糊，又有一番不同風味，
口感特別輕盈，有彈性。

製作餡餅 MAKING FRITTERS

使用300g的低筋麵粉、2大匙的馬鈴薯澱粉(potato flour)、1撮鹽、250ml的淡啤酒(light beer)或生啤酒(lager)、2顆蛋，來製作低脂(light)麵糊。加入1大匙的油攪拌。用1支雙尖調理叉(two pronged fork)，將水果沾滿麵糊，瀝掉多餘的部份。將蔬菜油加熱到190℃，來油炸餡餅。瀝乾後，沾裹上細砂糖。

1 將水果去皮、去籽、去核、切塊。放置在廚房紙巾上，吸乾多餘的水份，然後沾上麵糊。

2 油炸餡餅2～3分鐘，直到酥脆並呈金黃色。炸好後，放在廚房紙巾上，吸乾多餘的油份。

3 讓餡餅在細砂糖中滾動，裹上均勻的糖粉。然後立即上桌。

美味的家庭饗宴—各式原味餡餅、沾裹糖衣餡餅、和填充餡餅，搭配杏桃庫利(請見頁113)。

東方式焦糖餡餅 ORIENTAL COATED FRITTERS

先製作焦糖(請見109頁)。將水果去皮、切塊(傳統上使用蘋果和香蕉)。將水果沾滿麵糊，然後油炸到呈金黃。瀝乾餡餅油份的同時，將煮焦糖的鍋子底部浸在冰水中，使它停止加熱。將餡餅沾滿焦糖，瀝乾，撒上芝麻，然後立即上桌。

另一種填充餡餅 STUFFED FRITTERS

浸泡過白蘭地或利口酒的洋李乾和杏桃，很適合用來做這一道糕點。將杏仁粉、一點糖粉、幾滴玫瑰水混合在一起，再加上一點雪利酒，作成質地較硬的杏仁糊。然後搓成小橢圓球，包在一片水果裡，外面再裹上杏仁粉。沾上麵糊，然後照之前的方式油炸。立刻上桌。

酵母麵糊餡餅 YEASTED BATTER FRITTERS

用酵母做成的餡餅麵糊，製造出輕盈、有亮麗金色的餡餅。柔滑的蜂蜜糖漿所帶來的滋潤和甜蜜，更使這道甜點增色不少。希臘人稱這為Loukoumathes，在土耳其則稱做Lokma。義大利人會用香草、堅果、檸檬、和糖漬果皮來調味。傳統上，要使用手掌來攪拌麵糊。

蜂蜜糖漿為酵母餡餅增添了顏色和口味上的滿足感。

酵母麵糊 YEAST BATTER

高筋麵粉(strong plain flour) 175g
細砂糖 1大匙
鹽 1/4小匙
簡易速溶乾酵母(fast-action easy-blend dried yeast) 1大匙
水 100ml
鮮奶 100ml
天然香草精 1/2小匙

將麵粉、糖、鹽、酵母全部放入碗裡混合，然後在中間做個小洞。將水倒入這個洞，然後從水的邊緣開始慢慢攪拌。當一部份的粉已和水混合後，慢慢加入鮮奶和剩下的麵粉。將香草和最後一點鮮奶一起加入。

用力攪拌麵糊，直到質地均勻、有彈性。用保鮮膜或略濕的布巾覆蓋。放置一旁使其膨脹到原來體積的2倍。

蜂蜜糖漿 Honey Syrup
在100ml的水中溶解100g的糖，然後煮到沸騰，滾2分鐘。加入1/2顆檸檬汁，和175g澄清蜂蜜(clear honey)攪拌。煮到沸騰，然後離火。

1 用力攪拌麵糊，直到質地均勻、有彈性一應該呈有黏性，可伸縮的質感。將碗覆蓋好，放在溫暖處，使其膨脹到原來體積的2倍。

酵母餡餅的調味 FLAVOURING YEASTED FRITTERS

檸檬皮 LEMON RIND
在攪拌好的麵糊裡，加入1顆磨碎的檸檬皮、50g切碎的糖漬果皮、和額外的1大匙細砂糖，混合均勻後靜置一旁待其膨脹。上桌前，在餡餅上撒上細砂糖。

醋栗 CURRANTS
在攪拌好的麵糊裡，加入50g的醋栗，和1顆磨碎的檸檬皮，混合均勻後靜置一旁待其膨脹。上桌時，在餡餅上撒上細砂糖，搭配切好的檸檬一檸檬汁能增加其風味。

2 將油加熱到190℃，準備油炸。將2根金屬湯匙浸一下冷水，然後甩乾多餘的水份，這可以避免麵糊黏在湯匙上。用1根湯匙舀起麵糊，用另1根湯匙將麵糊滑入油中。

3 油炸麵糊到完全膨脹，質感鬆脆並呈金黃色為止。放在廚房紙巾上，充分吸掉多餘的油脂。搭配熱熱的蜂蜜糖漿，立即上桌。

蛋捲 OMELETTES

蛋捲的內餡若為甜味水果、起司、或果醬等，
會成為份量十足的甜點。
成功的秘訣在於，手法要輕，料理的速度要快。

蛋捲的凝固和摺疊 SETTING AND FOLDING AN OMELETTE

開始烹調前，先準備好內餡，並將上菜的盤子溫熱。使用澄清奶油，並徹底熱鍋。若要煮大份量，則使用20cm
的鍋子，配上3顆蛋，和1大匙的水。若使用小鍋，2顆蛋就足夠了。煮好後，就馬上端上盤子裡，立即上桌。

1 在鍋子裡放入奶油，加熱到奶油冒泡的程度，倒入稍微攪拌的蛋和水，稍微傾斜轉動鍋子，使蛋液均勻流動。

1 用高溫煮熟蛋液，稍微拉起邊緣，使未煮熟的蛋液，能接觸到高溫的表面。

1 當蛋液凝固，而表面仍略呈濕潤，加入內餡。然後將蛋捲對半摺疊，或捲起，包住內餡。立即上桌。

舒芙雷蛋捲 SOUFFLE OMELETTE

製作舒芙雷蛋捲，須先將蛋黃和蛋白分開。將蛋白打發到結實，然後加入蛋黃混合液中。放入烤爐(grill)很快地烤一下，使表面煮熟凝固。

蛋捲裡可裝入果醬(fruit preserve)、水果庫利(coulis)、碎果皮果醬(marmalade)、新鮮水果、軟起司或蜂蜜。

1 在碗裡一起攪拌2顆蛋黃、10g細砂糖、1大匙的水、和1/4小匙的天然香草精。打發蛋白到呈結實，舀1小匙加入蛋黃液中攪拌，再加入剩下的蛋白混合。

2 加熱澄清奶油，用中火來煮熟蛋捲，到鍋底那面呈金黃色，然後放進熱烤爐中，使蛋捲的表面凝固、略帶褐色。很快地放上內餡，然後對半摺疊，立即上桌。

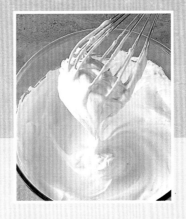

基本技巧
BASIC TECHNIQUES

製作甜點所需的器具
EQUIPMENT FOR DESSERTS

要將特別適合製作甜點的器具，從一般煮食料理(savory)的廚具中分開來，並不容易，雖然的確有些是專為製作甜點和水果，所設計出來的。而這些專門的器具，已在各章中介紹了，何時何處該使用，尤其是製作蛋糕、巧克力、和糖有關的部份。不過以下還是列出一些要點，供您在準備甜點時，挑選適合的器具。

計量器具 MEASURING EQUIPMENT

就所有的烹調而言，確認計量的準確，是最基本的工夫，一定要選擇標示清楚的玻璃量杯，來計量液體。計量時，將量杯放平，並用眼睛平視，來確認正確的讀數。以下列出的器具，也對製作甜點有幫助。

• 蛋糕分割器 GATEAU DIVIDERS OR MARKERS

不管是環狀(concentric rings)，或楔形(wedge-shaped marker)，都可用來正確地測量圓形蛋糕的份量。要準備對稱的裝飾時，也很好用，亦可用來區隔出，需要做霜飾和灑糖粉的部份。

• 金屬量尺(廚房用)
METAL KITCHEN RULER

準備一支30～45cm的金屬量尺，做為廚房專用。是測量某些糕點和餅乾時，必備工具，準備巧克力裝飾時也非常好用。也很適合用來標記矩形或方型物品的份量，如用烤盤烘烤(tray-baked)的甜點、蛋糕和塔。

• 金屬量匙 METAL MEASURING SPOONS

雖然品質好的塑膠湯匙，應付大部份的乾燥食材，就綽綽有餘，但金屬湯匙，對於糖漿和蜂蜜特別好用。將金屬湯匙在滾水中加熱，然後擦乾，用來舀有黏性的食材，就不容易沾黏。

• 溫度計 THERMOMETER

煮糖用溫度計(sugar thermometer)非常適合用來煮糖漿時用。找一個帶鉤子的，可鉤在鍋邊。如此溫度計可接觸到液體，又不會碰到鍋底。

多用途器具 VERSATILE UTENSILS

以下列出的只是清單中的一小部份。一般的原則是，選購品質優良的器具，乍看下似乎很貴，但只要正確地使用，經久耐用，絕不會令人失望。

• 蘋果削核器 APPLE CORER

具有圓柱狀的刀片，可俐落地去除蘋果的中心部份。

• 挖球器 BALLER

可用來挖出甜瓜或其他水果的果肉，亦可用在雪酪和冰淇淋上。市面上可買到不同的大小，尤其是在專門的烹飪器材店，和專業廚房用具的供應商。

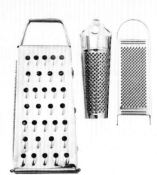

• 柑橘類壓汁機
CITRUS SQUEEZER

它的中央有個突出的圓錐形，用來將切成兩半的柑橘類搾出果汁。挑選有足夠容納果汁的空間，並有種籽過濾的設計。

• 網篩 DREDGER

一種容器，通常是金屬製的，頂部有圓孔，用來撒下麵粉、糖、巧克力、或其它粉類。也可使用過濾網(sieve)代替。

• 磨碎器 GRATER

選購一個盒狀的、能穩定站立的磨碎器，是值得的投資。買一個具有不同網目的，可以磨出不同的粗細。

• 冰淇淋杓 ICE CREAM SCOOP

主要有兩種：一種是碗狀杓，連結著一根操控桿，可俐落地將冰淇淋推出，讓它從杓內脫落，因此可產生很圓的半球形；另一種是略呈鏟形，可做出圓形以外的形狀，這可能是比較好的選擇，因為經過練習，它還是可以做出完整的球形。記得挑選堅固的材料，才能應付結凍得堅硬的冰淇淋。

• 大理石板 MARBLE SLAB

如果您在烹飪上常常用到巧克力和風凍(fondant)，那麼這會是一項不錯的投資。寬大的大理石表面，亦適合用來處理派皮(pastry)。

• 荳蔻磨碎器 NUTMEG GRATER

是一種小巧的磨碎器，有些附有容納一顆荳蔻的隔間。機械式的(附有容納荳蔻的隔間與把手，可將荳蔻滾入刀片中磨碎)可能會令您失望，並不值得投資。

• 毛刷 PASTRY BRUSHES

要備齊數種選擇，至少要有刷油的和替糕點上膠汁的。

• 杵與研缽 PESTLE AND MORTAR

用來磨碎香草(herbs)和辛香料，有各種大小可選擇。選一個夠大的，石材或瓷製的最好—木製的會吸收味道，而金屬的會使食材多了一股金屬味。

• 擀麵棍 ROLLING PIN

最常見的是由厚實的木材所製成。大理石或其他石材溫度較低，適合用來處理某些麵糰。

• 過濾網 SIEVE

選購細孔的不鏽鋼過濾器。大一點的，可以有空間讓湯匙將食物壓成泥狀，或攪動食材，移除種籽和果皮。

• 溝槽鍋匙
SLOTTED SPOON

過濾用。把手上的洞，可便於懸掛。

•刮刀 SPATULA
選擇有彈性的塑膠或橡皮材質,來刮除附著在碗上的混合物。

•蔬菜削皮器 VEGETABLE PEELER
選擇刀片可自由轉動的削皮器,可用來削最外層的果皮用(thin paring)。

•攪拌器 WHISK
不鏽鋼絲作成的氣球狀攪拌器,或類似的產品,是必備用具。選擇質地強韌的,把手要握起來舒服。小型攪拌器是很有用的工具。電動攪拌則是大部分的食物處理機,都具備的功能。

•木匙 WOODEN SPOONS
很有用,又不貴。如果燒焦或破損了,就應丟棄:繼續留著並不會省到錢,只是跟自己過不去而已。

•果皮削刮刀 ZESTER
這是一種鈍狀廚具,末端有一列小孔。這些小孔刮過柑桔類水果的表皮時,可刮下短而細的果皮,比粗孔磨碎器產生的大,但比刨絲器(canelle knife)刮下的小。

刀具和切割器 NOTES ON KINIVES AND CUTTERS

不同種類、品質優良而尖銳的刀具,是每個廚房所必備的。您需要大型和中型的主廚刀(chef's knives)來進行切片、切割、切碎的動作。

•餅乾模 BISCUITS AND PASTRY CUTTERS
有上百種不同的模型可供選擇。傳統的圓形模具使用的頻率,恐怕還是超過熱帶動物和花卉形狀,雖然後者亦可用作有趣的蛋糕裝飾工具。

•蛋糕鏟 CAKE SLICE
大的和小的各買一支。如果你想用小鏟子,移動一大塊蛋糕並保持平衡,很容易發生悲劇。

•刨絲器 CANELLE KNIFE
這種工具在刀刃處,有一個小凹槽,或V形角,就是用來從果皮(或蔬菜)上削下長條狀的薄皮。很適合用來削切柑橘類果皮,或在洋梨、蘋果上作出裝飾的效果。

•薄刀刃的刀(小型) FINE-BLADED KNIFE (SMALL)
一種刀刃薄而窄的小刀,很適合用來在水果和果皮上,切出裝飾的形狀。這種刀子常常是和其他裝飾用工具,成組一起販賣,但品質較好的薄刀子,常常只能單買。

•抹刀(大和小)
PALETTE KNIVES (LARGE AND SMALL)
抹刀的刀刃平坦而鈍,尖端呈圓形。適合用來均勻地塗抹鮮奶油等,以及將餅乾等從烤盤上移除。

•削皮刀 PARING KNIFE
小型的刀,像主廚刀一樣,是準備水果的必要工具。應該要找一把,握起來舒服,方便操作一些俐落動作,如去除1/4蘋果片上的核。

•滾輪刀 PASTRY WHEEL
方便用來切下長條狀的麵糰。

•剪刀 SCISSORS
要選擇尖銳、好握、不鏽鋼材質的。像刀子一樣,好的剪刀通常不便宜。

•鋸齒刀(大) SEPERATED KNIFE (LARGE)
製作蛋糕時,用來將海綿蛋糕切成水平狀的疊層。刀刃應長而直,尖端呈圓形。大型麵包刀亦很理想。

碗與盆 BOWLS AND BASINS

專業廚師喜歡不鏽鋼的材質,但一般家庭常選擇耐熱的玻璃。碗和盆很容易彼此混淆一碗(bowl)是大而寬,盆(basin)是小而深。一個小碗的開口,會比一個小盆來得大。傳統的英式布丁盆(British pudding basin),其邊緣深而傾斜,延伸到略呈圓形的底部。現代的盆,用來混合和料理布丁,底部略寬,不像傳統式的那麼深,邊緣也沒有那麼傾斜。老式布丁盆的開口邊緣很寬,可以搭上一塊布,蓋住蒸好的布丁,但現在我們都用鋁箔,所以開口的邊緣也變窄了。準備食物時,使用正確的碗,可事半功倍。

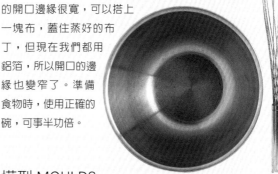

模型 MOULDS

•玻璃模型 GLASS MOULDS
雖然它們充滿經典裝飾的魅力,金屬製的還是比較實用,將甜點脫模時,金屬較容易傳熱(蓋上熱布巾可幫助脫模)。

•塑膠模型和容器 PLASTIC MOULDS AND CONTAINERS
這些東西品質差異極大。品質好的、堅固的、附不透氣蓋的容器極佳,脆弱而不堅固的容器易變形,應該避免。有些塑膠可能會影響食物的味道。

擠花的工具 PIPING EQUIPMENT

•擠花袋 BAGS
布料(fabric)製成、塑膠外殼的擠花袋,是廚房的必備工具。好的擠花袋在使用後,可以煮沸或消毒,然後風乾,足夠用上好幾年。您可能需要數個擠花袋,底部的寬度不同,以容納各種尺寸的擠花嘴。

•擠花嘴 NOZZLES
大型擠花嘴,在鹹食和甜食中皆可使用。2到3種尺寸的擠花嘴,就可用來擠泡芙麵糊(choux paste)和蛋白霜。鋸齒狀擠花嘴,可用在蛋糕和甜點上,擠上打發鮮奶油的裝飾。小型的鋸齒狀擠花嘴,裝在紙製擠花袋上,而非布料擠花袋上。它可用來作法式小點心(petitis fours)的最後裝飾,和蛋糕上的細緻擠花等等。

• 紙製擠花袋 PAPER PIPING BAGS

用來擠巧克力和霜飾。在烹飪用具店和糖花工藝(sugarcraft)店都買得到，也很適合用來擠出特定形狀和要求的醬汁。

烤箱用的耐熱器材 OVENPROOF EQUIPMENT

這裡可挑選的範圍很廣。品質好的東西是最有價值的。高品質的金屬烤具，如果使用得當，可以使用一輩子。要注意：使用後清洗乾淨，並擦乾；不要讓金屬接觸到突然的溫度變化，如將剛從烤箱拿出來的模型，浸到冷水裡。下面是對一般常用器具，簡短的介紹。

• 鎮石 / 重石 BAKING BEANS

空烤酥皮時，裡面應裝滿陶製的鎮石(ceramic beans)，它們可在烹飪用品店買到。如果手邊剛好沒有，可以用扁豆(lentils)或其它乾燥豆類代替。但不要用大腰豆(kidney beans)：這些豆子生的時候，是有毒的。

• 烘烤薄板 / 烤盤 BAKING SHEET

買重一點的薄板，三邊平坦，或平緩落下，第四邊則略微高起。這樣將薄板從烤箱拿出時，有高起的側邊可抓握，要移出易碎的點心時，可以將它們從薄板滑下，而不用舉過高起的邊緣，再放到盤子裡。

• 奶油小圈餅模 DARIOLE MOULDS

又名為城堡模(castle moulds)，其尺寸會稍有不同。它們的底部平坦，周邊垂直而深。

• 深烘焙烤盤 DEEP BAKING DISHES

製作深烘焙烤布丁用，如水果烤麵屑(crumbles)。

• 餡餅模 FLAN TINS

有圓形、矩形、或方形，有各種不同的尺寸。應該選用底部可活動的。

• 一人份模型 INDIVIDUAL TINS

有許多不同的種類，從傳統的小派餅模(patty tins)(用來製作小型塔和蛋糕)，到法式迷你塔模(tartlet tins)，後者可以組合在一起，成為一整個烤盤，亦可單獨使用。美式馬芬模，比小派餅模要深，邊緣較陡。

• 底部可活動的圓形蛋糕模

LOOSE-BOTTOMED DEEP ROUND CAKE TIN

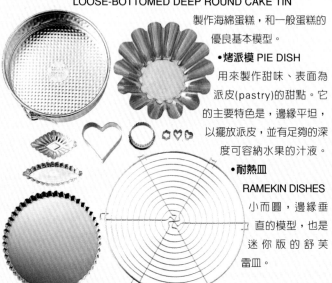

製作海綿蛋糕，和一般蛋糕的優良基本模型。

• 烤派模 PIE DISH

用來製作甜味、表面為派皮(pastry)的甜點。它的主要特色是，邊緣平坦，以擺放派皮，並有足夠的深度可容納水果的汁液。

• 耐熱皿 RAMEKIN DISHES

小而圓，邊緣垂直的模型，也是迷你版的舒芙雷皿。

• 環狀模 RING TIN

用來烘烤沙弗林(Savarin)，或環狀蛋糕；也可用來將冷甜點定型成環狀。

• 淺烘焙烤盤 SHALLOW BAKING DISHES

這些模型很像料理鹹食用的焗烤盤(gratin dishes)，它們用途廣泛，如烤水果和麵糊布丁(batter pudding)。

• 小布丁模 SMALL PUDDING MOULDS

比奶油小圈餅模稍大，底部邊緣呈圓形，邊緣呈略傾斜的角度。

• 舒芙雷皿 SOUFFLE DISHES

圓形，周邊垂直，尺寸介於一人份舒芙雷皿(比耐熱皿大)，和大而深的舒芙雷皿之間。

• 扣環式圓形活底烤模 SPRINGFORM TIN

不像標準蛋糕模那麼深，這種模具有彈簧扣環，可固定側邊和底部。當扣環鬆開時，側邊可卸下，讓內容物單獨立在底部上。做起司蛋糕很有用，也可用在烘烤上。除了標準底部，還有不同的底部可選擇，如裝飾形底部，或用來製作環狀蛋糕的漏斗狀模具。

• 瑞士捲烤盤 SWISS ROLL TIN

淺的長方形錫製烤盤，可用來烘焙海綿蛋糕片，填滿不同的內餡，做成瑞士捲。

節省時間的機器 TIME-SAVING MACHINERY

• 混合機 / 果汁機 BLENDER

用來製作質地均勻的果泥和醬汁。用來把乾燥的食材攪碎也很方便。用手握式的小型混合器，將食材打成泥狀，如水波煮水果，就不用將食材再倒入另一個容器中。有的手握式的小型混合器，也有附打發和切碎功能的零件，很適合用來打發鮮奶油和少量的蛋白，以及切碎果仁。

• 電動攪拌機 ELECTRIC BEATER

手握式的電動攪拌機，是很有用的基本配件，可用來攪勻混合物、打發蛋白、打蛋、打發鮮奶油。

• 食物處理機 FOOD PROCESSOR

是一種多功能的機器，適合用來將各種食材打成糊狀、磨碎、混合、攪勻。可以另外買到具有榨汁、打發(whisk)功能的零件。

• 冰淇淋機

ICE CREAM MAKER

有手動和電動的兩種。手動式的會比較辛苦；電動式的有小型機種，可放在冷凍庫裡，做出好幾品脫(pint)的冰淇淋；大型的機種，自己可做出大份量的冷凍甜點。這種機器，法文稱之為「冰沙機(sorbetière)」，可以在專業烹飪用品店或供應商買到。

蘋果和洋梨的前置作業 APPLE AND PEAR PREPARATION

硬質水果如蘋果、洋梨、木梨(quince)，在做成甜點前，通常需要先削皮、去核。前製作業的第一步，是將所有水果徹底洗淨。水果和洋梨切好後，用柑橘類果汁來預防變色，並且最好馬上使用。可能的話，最好使用不鏽鋼器具，因為有些金屬會褪色，可能會影響到水果。

將整顆水果去核
CORING WHOLE FRUIT
使用水果削核器(fruit corer)，或蔬菜削皮器(vegetable peelers)，從蘋果梗，或洋梨底部的地方推入，一路推到底。扭轉一下，沿著果核劃切，再慢慢將削核器拉出，就可以取出果核了。

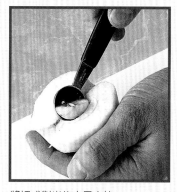

將切成對半的水果去核
CORING HALVES
用小刀切除水果的兩端。將水果切成對半後，沿著果核劃切，使其鬆脫。然後用挖球器(melon baller)或湯匙，挖除果核和種籽。

削皮
PEELING
將整顆水果去核，再用削皮器(peeler)沿著蘋果以繞圈的方式，從頭向底，將皮削除。

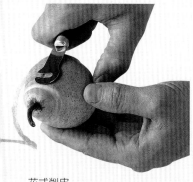

花式削皮
DECORATIVE PEELING
用刨絲器(canelle knife)，從水果梗開始往底部的方向，以螺旋狀的方式，刨除一條細長的果皮。

切成圈狀
CUTTING RINGS
水果去皮，去核，保持整顆完整。將水果的側面朝下立著，垂直切片。

切成新月形
CUTTING CRESCENTS
將水果去核、削皮，保持整顆完整。縱切成兩半，然後將各塊的切面朝下放，垂直切片，就成了新月形的切片了。

切塊
DICING
將水果去核、削皮、切成厚的圈狀。將水果圈疊在一起，用手將蘋果圈壓好，往下垂直切開，就成為塊狀了。

洋梨螺旋片
PEAR FANS
不要去梗，將洋梨削皮、切成對半、去核。將切面朝下放，從梗的下方開始，往末端切開成片。用手將切片壓散開來。

防止變色
PREVENTING DISCOLORATION
水果一旦去皮，就在果肉上，用毛刷刷上檸檬、萊姆、或橙的果汁。

「烹調」蘋果和洋梨 "COOKING" APPLES AND PEARS

要用作烹調，並不是所有品種都一樣。水波煮、嫩煎、做成塔和派來烘烤的話，要選嘗起來有點酸味，並且質地結實的水果。一般來說，蘋果和洋梨分為甜點用—可以「生吃」的—和「烹飪」用。常用來做為「甜點」的有下列品種。有些也可以用來生吃。

蘋果 Apples
史密斯奶奶(Granny Smith)、布瑞姆里(Bramley)、葛萊芬斯坦(Gravenstein)、金色格林(Golden Grimes)、卡維爾(Calville)、葛納蒂爾(Grenadier)。
洋梨 Pears
安裘(Anjor)、塞柯(Seckel)、伯斯(Bosc)、康佛倫斯(Conference)、基佛(Kieffer)、葛萊瑟(Grieser Wildeman)。

將櫻桃去核
PITTING CHERRIES

櫻桃去核器(stoner)呈小杯狀,底部中空,可放置櫻桃。器具上的鈍金屬管,可以刺穿櫻桃,將果核推出果肉。

杏桃、桃子、油桃的去核
STONING APRICOTS, PEACHES AND NECTARINES

核果類水果如杏桃、桃子、李子、油桃,可用以下示範的簡單技巧來去核。選購核果類水果時,應挑選果肉成熟但結實的,避免生硬或過熟、軟爛的。您所選擇的水果成熟度和品種,都會影響去核的難易度。對李子而言,品種的影響尤大。

在水果下方放一個盆子,來接住推出的果核。為避免破壞櫻桃的形狀,或導致美味的果汁流失,應小心使用您的去核器。輕輕地握住水果來去核。

1 用小刀,沿著表面的凹縫切開,深度要及果核。

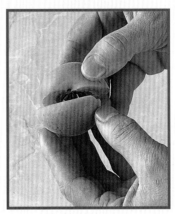

2 用手抓著水果,以相反的轉向,俐落地扭轉切開的兩半,讓果核露出來。

3 將果核從果肉中取出。

桃子和油桃的去皮
SKINNING PEACHES AND NECTARINES

核果類水果的外皮,可用滾水汆燙的方式去除。使用乾淨的滾水,並且一次只汆燙幾顆。如果一次放太多顆在鍋內,水果會變軟,而會有點煮熟。

1 先用刀子,在每顆水果的底部劃切十字,然後將水果放在溝槽鍋匙上。將水果浸入滾水中,約10~20秒,然後立即放入冷水中。

2 這時剛剛劃十字的果皮邊緣,應該已經翻捲起來了。從這裡開始剝除果皮。果皮應該很容易剝下。

葡萄的去皮和去籽
PEELING AND PIPPING GRAPES

如果要使用整顆葡萄來製作甜點,要記得韌皮與小核籽會帶苦味。利用以下所示範的簡單技巧,可以去除果皮和果籽,紅葡萄和白葡萄都適用。

去皮 PEELING

先將葡萄在滾水裡汆燙幾秒,就很容易去皮。用鋒利的削皮刀,就可輕鬆地將皮剝除。

去籽 PIPING

將消毒過的迴紋針撐開,用有勾的那端鉤住小核籽,然後從有梗的那端拉出。

整顆椰棗 WHOLE DATES

整顆椰棗看起來很美觀。不過，先去核，吃起來較方便。

去核時，用一手抓緊棗子，另一手用小刀尖輔助，將梗連同核，一起拉出。為了更好施力，可使用如圖所示的刀尖。

山竹 MANGOSTEEN

用削皮刀，從中間切過厚的外皮，不要切到結實的果肉，將山竺切成兩半。

用小湯匙，小心挖出白色瓤瓣。瓤瓣中含有不可食的果核。

石榴 POMEGRANATE

用手指將種籽從中果皮與薄膜內分開。

先將石榴切成兩半。按壓圓形的底部，將切成一半的石榴擠出到架在攪拌盆上的過濾器裡。用手指將種籽撥出。

楊桃 STAR FRUIT

由於楊桃的甜度因品種而異(有些品種的味道很酸)，所以，請先嚐嚐看，再加入甜點裡。

用小刀，先將楊桃切成片。上桌前，再去除中間的種籽。

荔枝 LYCHEES

荔枝的果肉為珍珠般的白色，內有不可食的褐色長種籽。

用小刀，從荔枝靠近梗的那端開始，小心地切開粗糙易裂的外皮，就可以輕易地剝乾淨了。

無花果花 FIG FLOWER

無花果花，可以就這樣使用，或將餡料擠到中間後，再上菜。

用小刀，修切無花果帶梗的那端。在無花果的頂端，深切十字，再用手指輕壓下端的側面，將無花果打開來。

醋栗去梗 STRIGGING CURRANTS

紅醋栗和黑醋栗，可以說是最簡單又最使人驚豔的食材了：為了完美的效果，一定要挑選優良的醋栗，確保每顆都是成熟而柔嫩的。

如圖所示，用叉子的前端，沿著梗滑過去，就可輕易地將醋栗從梗上卸下。這種方法稱之為「strigging」，而「strig」為西元16世紀的用語，即現在的「stalk(梗)」。去梗時，準備一個盆子，將醋栗梗朝下握住，以免果粒飛散出去。

草莓的去蒂和切半 HULLING AND HALVING STRAWBERRIES

草莓是甜點中的珠玉。在這美味的夏季水果上，擠上渦輪狀的打發鮮奶油，就是錦上添花的一道甜點。

去蒂 HULLING
用指尖或小刀的前端，撬出帶著葉子的草莓蒂。

切半 HALVING
留著草莓梗，做為裝飾，然後將整顆草莓縱切成兩半。

柑橘類水果的去皮和切片 PEELING AND SLICING CITRUS FRUIT

橙、檸檬、萊姆、葡萄柚、金柑(gumquats)，或其它氣味芳香的柑橘類水果，是許多甜點的基本原料。將柑橘類水果的果皮去除的方法，似乎很基本根本不須解釋，但錯誤的方法，會留下苦澀的白色中果皮(pithy deposits)，破壞水果的味道。

1 先切除頭尾的果皮，讓果肉露出來。讓水果豎立站好，沿著水果外型的弧度，從頭到底，大塊地切下果皮與白色中果皮。

2 將水果側面朝下放，用一手抓牢，另一手拿刀子，垂直地將果肉切成約適當厚度的切片。同時切除任何殘留在切片上的中果皮。

3 如果要將水果完整地重組，將這些切片疊組起來，用雞尾酒籤(cocktail stick)固定。如果水果上要澆上熱焦糖，注意要用木製的籤，不要用塑膠的，否則會融化。

分瓣柑橘類水果 SEGMENTING CITRUS FRUIT

按照以下的技巧，來去除所有的中果皮。一手握住水果切割時，下面要放著盤子或碗，用來盛接滴落下的果汁。

1 用一手抓著已去皮的水果。用小刀，從果肉兩側的白色薄膜間切下(不要切到薄膜)，一直切到核的部分。用同樣的方式，沿著另一邊的薄膜向下切，然後把薄膜像翻開書頁般的往旁邊翻，讓果肉鬆脫開來。

2 沿著水果周圍，用同樣的方式，繼續將果肉從薄膜間切開。用刀子將每瓣果肉取出，然後在盤子上擺放成漂亮的形狀。

3 最後，用手抓著果核與薄膜，從果肉的分瓣上方，用力握拳搾汁，擠在果瓣上，然後丟棄。薄膜和中果皮一樣，並不帶甜味，而且還帶著粗韌的口感。

削磨外果皮 ZESTING CITRUS FRUIT

柑橘類水果的外果皮(citrus zest or rind)，為果皮上有顏色的部分，所含的精油，賦予水果芳香和濃郁的風味。我們通常不使用裡面苦澀的白色中果皮(pith)。外果皮可用「果皮削刮刀(zester)」削刮下來，或用磨碎器(grater)磨下。

使用果皮削刮刀
USING A ZESTER
這種小工具，可用來刮過水果的表皮，以刮下長條狀的外果皮，比磨碎器磨下的果皮要大。使用相同的力道，視自己想要的長度，運用慢而長，或短而快的刮皮動作。

使用磨碎器
GRATING
依照想要的果皮粗細，來選擇磨碎器上的磨面。不要在水果上施加太大的壓力，否則會連中果皮一起磨下。

榨汁 JUICING FRUIT

每個人都有自己喜歡的榨汁器，可能是現代的食物處理機的榨汁器，或傳統的鋸齒狀圓頂玻璃榨汁器。手握式的木質榨汁器，用來榨出少量的檸檬汁，特別便利，但對付較大的水果，就需要較大的榨汁器。

將水果橫切成兩半，用手抓著其中一半，下面放著攪拌盆。另一手用力將壓搾器推入果肉內，邊轉動，邊前後移動，讓果汁流出。

大黃的前置作業 PREPARING RHUBARB

嚴格來說，大黃並不是水果，但它主要是用來做為甜食，並且按照烹飪水果的方式來處理。大黃不能大量地生食，因其含有天然毒素，但是蘸糖吃上一、二根，並沒有害處。生大黃味道很酸。處理大黃時，要丟棄葉片，因其具有毒性。產季開始時購買的大黃，肉質柔軟，只要清洗、修剪即可。

1 較成熟的(old)大黃有粗韌的外皮，必須削除。用蔬菜削刮刀，或薄刃小刀來去皮。將大黃斜切成整齊的塊狀，使煮的時候能均勻加熱。

2 用主廚刀，將大黃斜切成整齊的塊狀。完成後，就可以準備開始烹調了。水波煮或用平底鍋煎，然後用小火和膠汁一起加熱，做為派的餡料。

V字形的邊緣裝飾 VANDYKING MELON

V字形切邊，就是用鋸齒狀的技巧，將水果切成對半。取出果肉後，果殼可以用來當做漂亮的甜點容器。用刀刃短而鋒利的刀子，沿著水果的中央線插入，切割出鋸齒狀。分開水果的兩半。您可以就這樣將甜瓜上桌，或將果肉挖出，用來製作另一種甜點，如雪酪，做好後再用果殼盛裝。

1 先用刀尖，在甜瓜外皮的中央線上方，劃上Z字形的斜線，做記號。每次插入刀子時，都要深及甜瓜的中心，沿著記號線切開。

2 小心地拉扯甜瓜，將其分成兩半。用小湯匙，挖出種籽與纖維狀的果肉，丟棄。這樣甜瓜就可直接上桌，或用來盛裝其他甜點。

挖出球狀果肉 MAKING MELON BALLS

甜瓜的果肉可以小球狀挖出，作為裝飾，或作成水果沙拉。

分開上下兩半的甜瓜，挖出種籽與纖維狀的果肉，丟棄。使用湯匙或挖球器(melon baller)。將挖球器的末端朝下壓，同時轉動手腕，就可挖出球狀果肉。

甜瓜的種類 TYPES OF DESSERT MELON

羅馬甜瓜 *Cantaloupe*
受歡迎的選擇，氣味芳香，滋味甜美，果肉呈亮橙色。

香蜜瓜 *Honeydew*
果肉會由綠轉黃橙，成熟時滋味香甜。

加利亞甜瓜 *Galia*
不如其他品種來得甜，果肉呈淡綠色而質地結實。

將鳳梨從果殼中取出 CUTTING PINEAPPLE FROM THE SHELL

挑選時要注意,甜而多汁的鳳梨,通常表皮略呈深黃色(deep golden)。有兩種方法,可將果肉從果殼中分離出來,使果殼成為盛裝的容器。一種是從葉子開始切到底,將鳳梨縱切成對半,然後挖出果肉。另一種則是如下所示,能使整顆果殼維持完整,尤其適合迷你鳳梨,以做為一人份的盛裝容器。

1 將鳳梨側躺在砧板上。用一把長而鋒利的刀,切除葉蒂部份。若您要利用果殼做為容器,可保留葉蒂,作為蓋子。

2 用鋒利有刀尖的刀子,插入果皮和果肉之間,往下直切到底,沿著周邊平均施力切割。留一點果肉在果殼上,使其厚實,能夠穩定。

3 將水果反轉,切除底部,使果殼能穩穩地站立。同時也使得果肉容易取出。

4 用叉子插入果肉,一手握緊果殼,另一手用叉子拉出果肉。將果肉去芯、切塊後,可放回果殼內,然後上桌。

鳳梨去皮(REMOVING PINEAPPLE SKIN)

要記得是,將鳳梨去皮,就是要挖除所有殘留在果肉上的褐斑或鳳梨眼,它們質地粗糙,並不好吃。可惜的是,這樣作很花時間,也會損失不少的果肉。

1 切除鳳梨的頭尾。讓鳳梨豎直放好,再用主廚刀,由上往下,把外皮削除。削厚一點,以去除大部份的鳳梨眼。

2 用小刀尖,挖除殘留在果肉上所有的褐斑或鳳梨眼。每次只挖您覺得必要的深度,如果還有殘留的部份,再往下挖一點。

製作鳳梨圈 MAKING PINEAPPLE RINGS

去芯 REMOVING THE CORE
鳳梨去皮後,用橫切的方式切片。讓鳳梨片平躺,再用小圓模,切除鳳梨芯。

烹調鳳梨圈 COOKING RINGS
鳳梨的切片或圓圈塊,可以用自選的調香料,燒烤(grill)或嫩煎(sauté)。可以撒上椰子絲、蘭姆酒、新鮮柳橙汁、肉桂、丁香、八角、或萊姆皮,都能和鳳梨的味道搭配。

芒果的去皮和切片 PEELING AND SLICING MANGO

最簡單將芒果切片的方法，就是以切片的方式，將果肉從果核切割下來。這種方式，最好用在剛成熟的芒果上，如果芒果已熟透，拿在手上時就會濕滑，果肉可能會變得黏糊，不容易切成整齊的形狀。

去皮 PEELING
用刀子削皮。沿著芒果周圍削過去，維持漂亮的形狀。

切片 SLICING
將芒果放在手掌上，從果肉的「平坦面」先開始依序切片。切下長而窄的楔形切片。從平坦面起應該能夠切下不少完整形狀的果肉，切到「窄面」時，可能就會有少許不規則的形狀。

汆燙與去皮 BLANCHING AND SKINNING NUTS

杏仁(almond)與開心果(pistachio)的皮帶著苦味，如果留著，就會破壞了堅果細緻的風味。堅果皮，在汆燙後還是熱的情況下，最容易剝除。所以，汆燙瀝水後，要儘快去皮，不宜留置太久。

1 用煮滾的水浸泡堅果。靜置10～15分鐘，直到水變微溫。

2 用拇指與食指，捏住變軟的堅果皮，拉除。

烘烤與去皮 TOASTING AND SKINNING NUTS

榛果(hazelnuts)與巴西栗(Brazil nuts)去皮時，與其用汆燙的，倒不如用烘烤的方式較佳。以下的去皮法，是先將榛果放進烤箱內烤，不過，你也可以直接放在火爐上乾烤(dry-frying)。就是把榛果放在質地厚重的不沾鍋裡，邊用小火加熱2～4分鐘，邊攪拌，直到表面都稍微烤過。

1 將堅果均勻地散放在烘烤薄板(baking sheet)上，用175℃，烤10分鐘，偶爾搖晃一下烘烤薄板。

2 用布巾將烤過的堅果包起來，讓堅果在裡面蒸數分鐘，再用摩擦的方式去皮。

堅果切片與切碎
SHREDDING AND CHOPPING NUTS

雖然大部分的堅果，可以買到已切碎、切片、切成長條狀者，不過，並不一定隨時都可以買到您剛剛好需要的特殊產品。此外，堅果在使用前才切割，味道較新鮮，質地也比較濕潤。

切成長條狀 SHREDDING
將堅果的平面朝下，放在砧板上，縱切成長條狀。

切片 FLAKING
將堅果較薄的那面朝下，放在砧板上，拿穩，切成長長的薄片。

切碎 CHOPPING
將切成長條狀的堅果放在砧板上，拿穩刀子，將刀片前後來回移動，切碎。

製作糖漿 MAKING A SYRUP

在甜點的世界裡，和準備甜食的過程中，糖漿幾乎是不可或缺的。糖漿可以為果汁增加一絲甜味，可以做成拉糖(pulled sugar)，來完成蛋糕的最後裝飾。無論終極用途為何，製作糖漿，都要從將糖溶解在液體中開始。濃度糖漿，就是含有比較高比例的糖。淡度糖漿中，糖的比例較少，因此甜味較淡，質地較稀。煮好糖漿的兩條黃金定律是：第一，就是一定要用小火加熱液體，使糖漿溶解，同時輕輕攪拌，不要使其沸騰，也盡量不要讓糖漿濺到鍋壁上。第二，一旦糖漿完全溶解後，就不要再攪拌，然後加熱到沸騰。一旦開始沸騰，就絕對不要再攪拌。

1 將糖與冷水放進質地厚重的鍋內，邊以小火加熱，邊輕輕攪拌直到完全溶解。

2 增加溫度，加熱到沸騰。如果鍋壁上有殘留乾的糖粒，用毛刷沾一點冷水，然後將其刷下糖漿中，使其溶解。

煮糖用溫度計 SUGAR THERMOMETER

糖漿可以煮到不同的「階段」，作為各種不同的用途。這些沸騰的階段，要靠溫度來決定。糖漿沸騰的溫度，可以指出糖漿的濃度，也就是糖漿到達的階段：軟球狀態，硬球狀態，軟脆狀態，硬脆狀態(請見右欄說明)。溫度計使用前，先在熱水中加熱，使用後再放回熱水中(如果用冷水來沖洗溫度計上的熱糖漿，會使溫度計破損)。不要讓溫度計的前端碰觸到鍋底，因為鍋底溫度較高，因此會影響溫度的準確性。

糖漿的種類 SYRUPS

淡度糖漿 *(Light Syrup)*：250g糖配500ml水，或類似的比例。可以用在水果沙拉，或水波煮水果上。
中度糖漿 *(Medium Syrup)*：250g糖配250ml水，可以用來做蜜餞(preserving fruits)。食物可保存好幾天。
濃度糖漿 *(Heavy Syrup)*：250g糖配225ml水。

煮沸糖漿到不同階段 BOILING STAGES FOR SYRUPS

如果糖漿一直處於加熱狀態，水分就會蒸發，溫度就會升高，糖漿就會變得越來越濃稠。濃稠的糖漿也較不易流動。隨著濃度的變化，糖漿也會產生不同有趣的狀態，因此可用在不同的用途上。冷卻的糖漿有可塑性，或變得硬脆(煮沸得較久時)。在糖漿凝固前，可先用許多不同的方式加工，如使糖半結晶(part-crystallize)，形成糖膏(paste)，或做成特殊的棉花糖造型裝飾。

軟球狀態
(SOFT-BALL，116～118℃)
第一個飽和點(saturation point)階段。糖漿已可成形，按壓時感覺柔軟。這個階段的糖漿，可以用作義式蛋白霜，和奶油霜飾(butter-cream icing)。

硬球狀態
(HARD-BALL，125℃)
糖漿可以形成結實而有柔軟的球狀，感覺質地帶著韌性。這個階段的糖漿，可以用來製作瑪斯棒(marzipan)和風凍霜飾(fondant icing)。

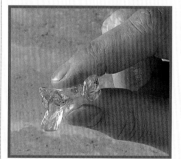 

軟脆狀態
(SOFT-CRACK，134℃)
糖漿是脆的，質地柔軟仍然有可塑的彈性。這個階段的糖漿，主要用來做糖果(confectionery)。

硬脆狀態
(HARD-CRACK，145℃)
糖漿非常脆。可以用來做覆蓋水果的糖衣(glazed fruits)、拉糖(pulled sugar)和棉花糖(spun sugar)。一旦高於這個溫度，糖漿很快就會焦糖化。

煮出清澈無顆粒的糖漿 THE CRYSTAL PROBLEM

煮濃度糖漿時要確定，糖在液體裡，已徹底溶解。一旦有任何結晶產生，就會導致一連串連鎖效應，最後糖漿會變成一團硬脆物。如果糖漿沸騰後繼續攪拌，就會產生結晶。濺到鍋壁上的糖漿也會形成結晶，所以一開始就要小心、輕輕地攪拌。如果鍋壁上有殘留乾的糖粒，用毛刷沾一點冷水，然後將其刷入糖漿中—如此可避免結晶。

焦糖 CARAMEL

如果糖漿繼續沸騰到超過硬脆狀態(hard-crack stage)的溫度，就會形成焦糖，顏色從金黃迅速地變深。從顏色可以判斷糖漿的味道：淡金色的焦糖嚐起來較淡；質地濃郁、金黃色的焦糖，有溫暖、悠遠的風味；深褐色的焦糖，則有煎果味並帶一絲苦味。顏色從淡金色轉變到深褐色的過程很快速，同樣的，如果這時不停止繼續加熱，焦糖就會變成深褐色，嘗起來有苦味，而且很快就會燒焦。焦糖做好要馬上使用，因為它凝固得很快。或者，也可以製作成液體焦糖(pouring caramel)，則須先將鍋子離火。戴上厚的烤箱手套，保護手和手臂，將鍋子和身體保持適當的距離，在鍋子裡倒入一點點滾水。焦糖加入水，會冒泡得很厲害，甚至濺出，所以不要將鍋子靠得太近。過一會兒當焦糖平靜下來，焦糖已被稀釋，但仍保有其美味與色澤，但不會變硬。

1 加熱糖漿到變色，然後繼續加熱，直到焦糖所需的濃稠度，但不要攪拌。這時的焦糖呈深褐色，美味而濃稠。

2 當焦糖加熱到所需的色澤時，就將鍋子離火，把鍋底浸泡在冰水中。這樣可以立即降低溫度，防止焦糖變黑或燒焦。

帕林內 PRALINE

帕林內，是在焦糖凝固前，加入堅果製成的。傳統上最常使用的堅果是烤杏仁，但亦可用胡桃(pecans)、腰果(cashews)、去皮的開心果、或切碎的巴西栗(basil nuts)。使用核桃，可能會變苦。帕林內冷卻後，可以用擀麵棍敲成塊，或放進食物料理機(food processor)攪碎。

1 將堅果放進焦糖內，然後立即離火。

2 將帕林內倒在抹過油的烤盤，或鋪好烤盤紙的烤盤上。立刻用抹過油的抹刀將其抹平。

奴軋汀 NOUGATINE

奴軋汀，也是由焦糖與堅果混合而成，但它添加了葡萄糖(glucose)，讓質地變得更易塑形。用100ml的水，1kg的糖，和400g的葡萄糖，製作焦糖。加入500g的去皮杏仁(請見107頁)，杏仁要先烤過，然後切片或切碎成粗粒。

1 將已混合好的奴軋汀，倒在已刷上油的工作台上，讓其稍微冷卻。用已刷上油的熱金屬擀麵棍，擀平成約5cm厚。

2 待奴軋汀冷卻到微溫時，即可將其切成所需的形狀，然後讓它冷卻定型。

切碎和磨碎 CHOPPING AND GRATING

在切碎和磨碎巧克力前,先將其冷藏一會兒,同時確定自己的雙手不會太熱。使用磨碎器的粗孔面。或者使用小型食物磨碎器(mouli grater),或可迴轉的圓筒磨碎器(rotating drum-type grater)。切碎巧克力其實不容易,巧克力要冷藏過,但不能太硬。使用大型主廚刀,和標準的前後移動的方式(rocking technique),就能避免巧克力切得一團混亂。

切碎 CHOPPING
先將巧克力剝成小塊,稍微冷藏。然後取出放在冷藏過的砧板上,雙手手指握住主廚刀,以前後移動的方式,將巧克力切碎。

磨碎 GRATING
抓牢冷藏過的巧克力,用磨碎器的粗孔,磨碎巧克力。如果巧克力受熱,就會染在磨碎器上,所以要稍微將巧克力冷藏一下,並保持雙手冰冷。

融化 MELTING CHOCOLATE

不同於烹飪巧克力(cooking chocolate),食用巧克力(eating chocolate)不須調溫。小心地加熱融化即可。一點點水份都會使巧克力分離,使其變硬,有顆粒,無法使用。過度加熱也會有同樣的問題。將一個耐熱碗架在平底深鍋(saucepan)上方,不要放在鍋底處。這樣可以避免水或蒸氣進入碗裡。

將一些水加熱到快微滾時,降溫,使其稍微冷卻。然後繼續用低溫加熱或離火,將裝滿巧克力塊的耐熱碗,架放在水的上方。巧克力要切成大小一致的粗塊,才能均勻而快速地融化。

巧克力的種類 TYPES OF CHOCOLATE

食用巧克力 *Eating Chocolate*
質地堅硬、平滑有光澤,做為甜食販售,品質良莠不齊。可視可可奶油(cocoa butter)的含量,做為判斷的依據。

考維曲巧克力 *Corverture*
這不是「食用(eating)」巧克力。它的外觀毫不吸引人。使用前要先經過調溫,使其凝固成堅硬、有光澤的外表。又稱調溫巧克力。

烘焙巧克力 *Baker's Chocolate*
這是普通「烹飪用」巧克力中最優越的。並不是特別美味,主要是用來做巧克力裝飾。

調溫 TEMPERING

如果巧克力內的脂肪,沒有混合得很均勻,一旦巧克力融化、冷卻後,表面可能會形成灰色條紋。為了避免這個問題,巧克力要先經過調溫。巧克力經過加熱,攪拌,冷卻的程序,就可以使脂肪充份混合,接下來就可融化巧克力,加以使用。巧克力會變得有光澤,不會產生條紋,而且可以凝固得很堅硬。我們通常使用考維曲巧克力,並且使用前一定先經過調溫,以確保高品質的表現。

1 將巧克力裝入攪拌盆內,下面墊著一鍋熱水(非微滾狀態),慢慢地融化巧克力。攪拌到巧克力變得質地柔滑,約45℃溫度。

2 將裝著巧克力的攪拌盆,移到另一個裝滿冰塊的攪拌盆上。攪拌到巧克力冷卻,溫度下降至25℃。然後重新加溫。

3 將巧克力放在一鍋熱水上,再度加溫30~60秒,直到巧克力的溫度達到可以作業的32℃。這就是可以使用巧克力的溫度了。

甘那許 GANACH

苦甜巧克力 300g
濃縮鮮奶油 150ml

將巧克力切成大小一致的小塊，放入攪拌盆裡，然後放在一鍋熱水上融化：將攪拌盆移開，放置一旁備用。加熱鮮奶油，使其變熱，但不要沸騰，然後加入巧克力中。

攪拌巧克力和鮮奶油，使其充分混合。繼續攪拌直到冷卻，質地呈平滑有光澤。

這時的甘那許，就可用來做為包裹甜點的糖衣，也可用攪拌器繼續攪拌到顏色變淡，質地均勻，即可用來擠花用。

製作甘那許 MAKING CHOCOLATE GANACHE

這種鮮奶油巧克力，用途很廣。入口滑順，可用來做蛋糕或糕點的糖衣或餡料(filling)。也可做為許多複雜甜點的原料。趁其冷卻，但尚未凝固時，可以打發甘那許，呈現輕盈的質感，成為香濃的鮮奶油巧克力，可做為擠花用，或其他各種用途。亦可在甘那許裡添加幾滴烈酒(pirits)或利口酒(liqueur)，如白蘭地或可可香甜酒(Crème de Cacao)，以增添風味。

加入鮮奶油 ADD THE CREAM
鮮奶油應該是熱的就好，如果溫度太高，會導致巧克力形成顆粒。

攪拌均勻 STIRRING TOGETHER
用木匙充份攪拌混合鮮奶油與巧克力。

繼續用力攪拌
BEAT THE MIXTURE
混合均勻後繼續攪拌，可使巧克力冷卻，並且柔順有光澤。

基本的巧可力塑型 BASIC CHOCOLATE SHAPES

準備巧克力的塑型時，先將不沾的烤盤紙墊在工作檯上，或烤盤上。當巧克力的質地變得柔滑，凝固成均勻的一層後，把另一張烤盤紙覆蓋在巧克力上，然後，翻面，就可以讓新的烤盤紙變成在巧克力底下。等它凝固後，就撕開上面這一層烤盤紙。這樣平滑的巧克力，就呈現在表面這一層。要趁著巧克力變得硬脆前，快速進行切割和塑型的動作。可同時參考其他不同的切割、塑型技巧(請見198~203頁)。

1 將融化的巧克力，用大湯匙舀到不沾烤盤紙上，將調溫過的考維曲巧克力，凝固到理想的有光澤的質感。

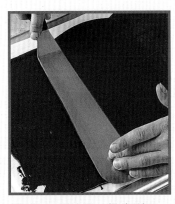
2 用大L型抹刀，橡皮刮刀，或蛋糕霜飾尺，以划槳般的動作，迅速地抹平成均勻的2mm厚。

3 用餅乾模或刀子，將巧克力切割下來。每次切割前，先將餅乾模在熱水中浸一下，然後擦乾。切好後，將巧克力放在烤盤紙上凝固。

製作巧克力杯 MAKING CUPS

使用包裝紙模(paper case)一要製作較大的巧克力杯，就用甜點紙模(sweet case)、法式小點心紙模(petitis four cases)、蛋糕或馬芬紙模。如果紙模太軟，不易固定，就疊上兩層厚。

在紙模的內層，刷上薄而均勻的一層巧克力，靜置凝固。當巧克力剛凝固時，再刷上第二層。需要的話，可再刷上第三層。

蛋糕霜飾
USING ICING

霜飾和膠汁(glazes)，能夠替許多甜點增添滋潤、風味和裝飾。雖然我們有不少傳統的口味，如杏桃和巧克力，但霜飾的用途，其實要視其質感而定。例如，平滑、易抹勻的糖衣霜飾(glacé icing)，適合做蛋糕的塗層；而質感較厚實的風凍霜飾，則常用來塗層水果，或澆淋在糕點上。一般霜飾要做現用，但風凍霜飾做好後，最好等一、二天在使用，並且可以用保鮮膜(polythene)包起來，裝進不透氣容器中，可保存二個星期之久。

糖衣霜飾 GLACE ICING

糖 175g
溫水 1～2大匙，或其他液體

糖粉過篩，倒入碗中，加入一點液體。不要一次加入所有的液體。

用湯匙或攪拌器，慢慢地將液體(水、果汁、或利口酒)，一點一點攪拌進糖粉中。剛開始可能會很硬，但慢慢會呈現較稀釋、流動的質感。

可以在這基本霜飾裡，加一點檸檬或萊姆汁，對比霜飾的甜味。

製作糖衣霜飾 MAKING GLAZE ICING

這種霜飾一做好，就要立刻使用，否則表面會形成一層薄皮。凝固後，理想的狀態應該是，柔軟有光澤，表面有彈性。

過篩糖粉 SIFTING SUGAR
將糖粉過篩到攪拌盆內，並用金屬湯匙把結塊的糖粉壓碎，以確保成品的均勻質感。

製作成糊狀 MAKING THE PASTE
一次只加入一點液體，才容易控制糊狀物的濃稠度是否均勻。

風凍霜飾 FONDANT ICING

糖 250g
水 150ml
液態葡萄糖(liquid glucose)
1大匙

用糖、水、葡萄糖來製作糖漿。使其沸騰到軟球階段(請見108頁)。在大理石板刷上冷水，然後倒上糖漿。讓它冷卻一分鐘，等它開始凝固。然後用抹刀或金屬刮板，將它刮下、摺疊，不斷重覆此步驟，使其變成厚而不透明的一層糖衣。當其冷卻、結晶時，就會形成白色、具可塑性的混合物。用手指捏下小塊，然後組合起來揉成平滑的膏狀物(paste)。用保鮮膜包起來貯存。

理想上，風凍霜飾應該要有一天的成熟期，再用來加熱，做為糖衣使用。使用時，將風凍霜飾分成小塊，裝入碗裡，放在一鍋熱水(但不是滾水)上加熱，待其融化。

巧克力霜飾 CHOCOLATE ICING

細砂糖(caster sugar) 150g
水 150 ml
巧克力金幣
(chocolate pistoles) 300g

用糖與水製作糖漿。加入巧克力金幣，用適當的溫度加熱，一邊攪拌，直到巧克力融化成平滑的質感。

加熱到110℃，或稍微低於軟球狀態的溫度，也就是「拉線」階段(請見右欄)。可以用沾過冰水的手指來測試，也可利用煮糖溫度計(請見108頁)。

當巧克力糖漿到達適當的濃稠度時，就可離火，將鍋子在工作檯上敲一下，以排出多餘的空氣，然後立即使用。這可做出足夠的份量，能夠覆蓋25cm的蛋糕。

製作巧克力霜飾 MAKING CHOCOLATE ICING

巧克力霜飾的基底，是煮沸的糖漿，能產生濃郁，有光澤的外觀。這種霜飾也可用做熱點心的醬汁。一定要使用高品質的原味巧克力。

融化巧克力金幣
MELTING THE PISTOLES
將巧克力金幣加入糖漿內，同時不斷攪拌直到融化，以避免巧克力變得硬，產生顆粒。

測試「拉線」程度
TESTING FOR "THREAD" STAGE
先將手指伸入冰水中，再伸入巧克力中，拉開兩手指，檢查拉線狀態(thread stage)，手指間應會產生延伸的巧克力絲。

排出多餘空氣
KNOCKING OUT THE AIR
將鍋子放在布巾上，輕敲一下，讓裡面的氣泡跑出來。如果不這樣做，等蛋糕做好後，裡面的氣泡還是會浮上霜飾的表面，破壞平滑的質感。

用霜飾塗層 COATING WITH ICING

在上霜飾前,先替蛋糕塗層果膠(jam glaze)(請見下欄),如此可增加滋潤度,並產生平滑的表面。待其冷卻後,將蛋糕放在網架上,下面鋪一張烤盤紙,來接住滴下的巧克力霜飾。

1 將熱巧克力霜飾舀到蛋糕的正中央,在中央形成一池均勻的霜飾。倒上比實際需要更多的巧克力來塗層蛋糕。動作迅速,手的移動要穩定,較易成功。

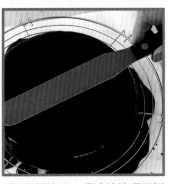

2 用熱抹刀,迅速地抹過蛋糕上面,整平。抹的動作越少越好,讓多餘的巧克力霜飾從側面流下去。

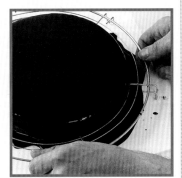

3 不要破壞蛋糕的平衡,抬起網架,輕敲一下工作台,讓巧克力霜飾穩定下來,排出氣泡。靜置約5~10分鐘,讓巧克力霜飾凝固。

杏桃果膠 APRICOT NAPPAGE

杏桃果醬 100g(最少量)
水 50ml(每100g的果醬用量)

在小平底深鍋裡融化果醬一做好後份量會減少,所以放入比所需份量多一點的果醬。用過濾器過濾熱果醬,以去除水果塊等。倒回一個小的乾淨的鍋內,加入水,邊攪拌。加熱到沸騰後離火。稍微冷卻後即可使用,做為膠汁或霜飾之前的塗層。

膠汁 GLAZES

所有的果醬都可融化、煮沸、做成膠汁,用在蛋糕上。

膠汁的塗層 APPLYING A GLAZE
塗上霜飾前,在海綿蛋糕的表面,充份地刷上膠汁。

果泥和庫利 PUREES AND COULIS

水果果泥的用途廣泛,可做為簡單的醬汁,也可製作舒芙雷。製作果泥的方法,要視其特質決定。柔軟的水果,如莓類和香蕉,可立即攪碎。質地較硬的水果,如蘋果,應該要先小火煎一下。使用莓類時,使用的比例應該是:完全熟透的水果,取其甜味,佔25%;剛熟成的水果,取其顏色,以及平衡口感,則佔25%。剩下的比例應該是熟成的水果,但又不會過熟。加入一點檸檬汁,來增加一點刺激的味道。

1 使用果汁機或食物處理機,來快速製作平滑的果泥。注意不要攪拌太久,以免果泥產生太多泡沫。

2 將果泥放入細孔金屬過濾器中,用抹刀推動,來過濾種籽、果皮、纖維等。現在的果泥,就可以準備使用了。

使用食物磨碎器 USING A MOULI
將水果放進槽內(食物磨碎器的上方),然後用手抓緊握柄,轉動曲柄。這樣水果和果汁,就會經過磨碎器,被推入下方的攪拌盆內,果皮和種籽會留在磨碎槽內。

製作庫利 MAKING A COULIS
庫利是絕佳的甜點醬汁。但不過就是濃稠狀的果泥而已。在果泥裡加入適量的糖粉。加一點檸檬汁,增加口感,也可加入利口酒增添風味。

醬汁 SAUCES

甜味的醬汁，可以做為甜點的基本原料，也可選擇性的使用，能夠完全轉變食物的風貌。可以一次只呈上一種醬汁，也可同時搭配兩種醬汁，製造顏色和口味的變化。醬汁可以為簡單的食譜，增添豐富的風味。甜味的牛奶醬(milk sauce)，可以加入玉米細粉(cornflour)，增加濃稠度，還有無鹽奶油和鮮奶油，增加香濃，再用烈酒或巧克力調味。這種醬汁可以取代白蘭地奶油，來搭配熱布丁，如聖誕布丁。也可加入蘭姆酒或香橙甘邑甜酒(Grand Marnier)，來取代白蘭地。

奶油糖漿 BUTTERSCOTCH SAUCE

無鹽奶油 85g
深色綿褐糖
(dark soft brown sugar) 175g
金黃色的糖漿 2大匙
濃縮鮮奶油(double cream)
85 ml

將奶油、糖、和金黃色的糖漿，放進鍋內，邊用小火加熱，邊攪拌到融化。然後，加入濃縮鮮奶油，加熱到剛好沸騰。接著立即離火。

玉米細粉醬汁 CORNFLOUR SAUCE

玉米細粉 2大匙
糖 2大匙
鮮奶 500ml
無鹽奶油 30g
天然香草精 1/2小匙
鮮奶油(single cream) 100ml

玉米細粉加入糖、和鮮奶，混合成質地均勻的糊狀物。將剩下的鮮奶加熱，也倒入玉米細粉中，攪拌均勻。然後將其倒回鍋裡，一邊攪拌，一邊加熱至沸騰。微滾1分鐘。接著加入無鹽奶油和天然香草精，攪拌均勻。離火，加入鮮奶油攪拌。立即上桌。

巧克力鮮奶油醬汁 CHOCOLATE CREAM SAUCE

打發用鮮奶油 250ml
原味黑巧克力，或高品質的
白巧克力 250g

在小平底深鍋裡，加熱打發用鮮奶油，到溫度變熱，但尚未沸騰。離火，加入巧克力塊。不斷攪拌使其融化，並和鮮奶油充分混合。熱食冷食上桌皆可。

製作薩巴雍醬汁 MAKING SABAYON SAUCE

這種顏色很淡、充滿空氣的醬汁，是以卡士達為基底，再加入蛋黃和酒，增加其濃稠度。製作這種醬汁的特點，是要不停地攪拌，使其充滿空氣。也可以加入果汁，來取代酒的使用。

薩巴雍醬汁 SABAYON SAUCE

蛋黃 2顆
細砂糖 90g
甜白酒 150ml
馬德拉葡萄酒(Madeira)或
雪莉酒 1大匙

將蛋黃和細砂糖放在攪拌盆裡，然後放在裝了熱水(非沸騰)的平底深鍋上。開始攪拌到其顏色變淡，產生泡沫。

慢慢倒入甜白酒，同時繼續攪拌。

當白酒全部加入後，仍不斷攪拌，直到醬汁的顏色變得蒼白，質地變稠，充滿空氣感。然後加入馬德拉葡萄酒或雪莉酒攪拌，立即使用。

攪拌蛋黃和糖
WHISKING YOLKS AND SUGAR
不要在高溫狀態下，攪拌蛋黃和糖，否則蛋會開始煮熟，因而產生結塊。

增加醬汁的濃稠度
THICKENING THE SAUCE
一邊不斷地攪拌，一邊慢慢地加入酒，這樣可以使大量空氣進入，使質地開始變濃稠。

攪拌到形成緞帶痕跡的濃稠度
WHISKING TO A RIBBON
薩巴雍做好時，稍微抬起攪拌器時，應該是可以形成緞帶痕跡(ribbon trail)的濃稠度。

巧克力醬汁
CHOCOLATE SAUCE

糖 60g
水 4大匙
黑巧克力(原味) 225g
天然香草精 1/2小匙
無鹽奶油 30g

使用高品質的略帶苦味的黑巧克力，來製作這種以糖漿為基底的醬汁。加熱糖和水，使糖徹底溶解。然後加熱到沸騰，離火。將黑巧克力分成小塊，然後加入糖漿內攪拌，直到完全融化。加入無鹽奶油和天然香草精攪拌。熱食冷食上桌皆可。

白巧克力醬汁
WHITE CHOCOLATE SAUCE

糖 60g
水 4大匙
高品質的白巧克力 350g
鮮奶油(single cream) 100ml

加熱糖和水，使糖完全溶解。繼續加熱到沸騰，離火。加入高品質的白巧克力攪拌，使其完全融化，然後加入鮮奶油攪拌。立即使用。

咖啡醬汁
COFFEE SAUCE

烘焙過的咖啡豆 60g
鮮奶 500ml
玉米細粉 2大匙
糖 2大匙
葡萄乾 45～60g
白蘭姆酒 4大匙

製作醬汁前，先在鮮奶裡加熱咖啡豆，快沸騰時離火，然後靜置到完全冷卻。在玉米細粉裡，加入一點鮮奶和糖，然後重新加熱剩下的鮮奶，使其變熱但尚未沸騰。將鮮奶過濾，丟棄咖啡豆，然後按照製作玉米細粉醬汁的方式繼續進行。也可以加入一點蘭姆酒，或咖啡利口酒：先將葡萄乾浸泡在白蘭姆酒裡30分鐘(或更久)，然後加入醬汁裡。

白蘭地奶油
BRANDY BUTTER

無鹽奶油 175g
糖粉 90g
白蘭地 4大匙

混合軟化的無鹽奶油，與糖粉，打成膨鬆柔軟的乳脂狀。然後，加入4大匙白蘭地攪拌，然後放進冰箱冷藏，使其質地變結實。

梅爾巴醬汁
MELBA SAUCE

覆盆子 250g
糖粉 3大匙
覆盆子利口酒 1～2大匙

將覆盆子攪成果泥狀，然後放入過濾器，磨擦過濾種籽。加入適量的糖粉增加甜味，可依喜好加入覆盆子利口酒攪拌。上桌前先稍微冷藏一下。

椰奶醬汁
COCONUT MILK SAUCE

鮮奶 250ml
罐裝椰奶 250ml
蛋黃 6顆
細砂糖 150g
鮮奶油(single cream) 100ml

將鮮奶和椰奶倒入平底深鍋中，用小火加熱，使其沸騰。蛋黃加入糖一起攪拌，到顏色變淡，質地變稠。將加熱好的鮮奶倒入蛋液中，同時不斷攪拌，然後倒回原來的平底深鍋內，用小火加熱，同時不斷攪拌，直到質地變稠。離火，加入鮮奶油攪拌。上桌前，先將醬汁過濾。

澆酒火燒 FLAMBEEING

任何高酒精濃度的酒類，如白蘭地、蘭姆酒、強化葡萄酒(如馬德拉葡萄酒)、或水果利口酒，都可用來做澆酒火燒。水果，如葡萄、櫻桃，最適合用來做澆酒火燒的對象，燃燒的酒可以成為簡單的醬汁。

1 將水果放進平底鍋內加熱。在另一個鍋內加熱酒，點火燃燒，再把燃燒中的酒澆在水果上。這可以避免水果燒焦，因為酒精已經點燃了。

2 不斷地將燃燒中的醬汁，澆淋在水果上，直到火熄滅。注意不要讓水果燒焦了。進行時，為了安全起見，請使用長柄大金屬湯匙。

卡士達和奶油醬
CUSTARDS AND CREAMS

簡單的鮮奶成份,可以轉變成豪華而精緻的的卡士達和奶油醬,進而製作成美味的內餡和冰淇淋。製作這些經典的卡士達時,要注意溫度的控制,因為這往往是成功的關鍵。

香堤伊醬
CREME CHANTILLY

濃縮鮮奶油(double cream)
250 ml
糖粉 30～40g
天然香草精 1/4小匙 (可省略)

打發濃縮鮮奶油和糖粉,直到可以形成角狀。然後可依喜好加入天然香草精。立即使用或食用。

打發奶油醬
WHIPPING THE CREAM
香堤伊醬是一種簡單的,有甜味的打發鮮奶油。想要更省事,可使用電動攪拌機來打發鮮奶油和糖,使大量空氣進入。

英式奶油醬
CREME ANGLAISE

香草莢 1顆
牛奶 500 ml
蛋黃 6顆
細砂糖 150g
鮮奶油 100ml

撕開香草莢,放入平底深鍋內。倒入牛奶,慢慢加熱至沸騰。攪拌蛋黃和糖,直到顏色變淡,質地變稠。丟棄香草莢,將牛奶倒入蛋液中,同時不斷攪拌。將卡士達倒回鍋中,用小火加熱,同時不斷攪拌,直到質地變稠。然後,用手指刮過木匙背面的卡士達,檢查濃度。如果留下一條清楚的痕跡,就表示已經可以了。不要過度加熱,否則蛋液會煮熟而結塊。離火,加入鮮奶油攪拌。然後將卡士達過濾。這樣可以做出約650ml。

檢查濃度 COATING THE SPOON
製作卡士達時,要保持低溫並不斷攪拌。如果溫度太高或加熱過久,蛋黃會被煮熟而凝結,從牛奶中分離出來。因此而造成卡士達的結塊。加入鮮奶油攪拌,可以中止加熱的過程,增加卡士達的濃郁度。當稠度到達可以停留在木匙上的程度時,即可離火,加入鮮奶油。將卡士達過濾後,即可上桌。

帕提西耶奶油醬
CREME PATISSIERE

鮮奶 500ml
香草莢 1/2顆
蛋黃 5顆
細砂糖 125g
低筋麵粉 25g
玉米細粉 25g

將牛奶與香草莢用小火加熱到微滾。離火,使其稍微冷卻。將蛋黃與細砂糖一起打發,到顏色變淡,質地變稠,然後加入低筋麵粉與玉米細粉混合。丟棄香草莢,將牛奶倒入蛋黃混合料裡,攪拌混合。然後,倒入鍋子內,用小火煮滾,邊攪拌到質地變稠,並開始沸騰。煮一分鐘,同時不斷攪拌。然後倒入大碗或淺盤中,用保鮮膜或烤盤紙包好,靜置冷卻。使用前再攪拌到質地均勻平滑。

打散結塊 BREAKING UP LUMPS
帕提西耶奶油醬是利用低筋麵粉與玉米細粉,使其質地變稠。避免結塊,在製作的過程中,不斷地攪拌。如果有結塊產生,也不要太緊張,只要繼續用力攪拌,當卡士達變稠、接近沸騰時,結塊會自然消失。卡士達冷卻後,可加入打發鮮奶油混合均勻,增加其濃郁度。

吉布斯特奶油醬
CREME CHIBOUSTE

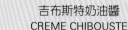

鮮奶 150ml
蛋 4顆,蛋黃蛋白分開
細砂糖 240g
玉米細粉 20g
吉力丁 3片
水 6大匙
天然香草精 1小匙

用鮮奶、蛋黃、40g細砂糖、和玉米細粉,來製作帕提西耶奶油醬。用保鮮膜包好,使其冷卻到微溫。

將吉力丁浸泡在水中,或在2大匙水中,溶解吉力丁粉。

使用剩下的糖、水、蛋白,來製作義式蛋白霜(請見68頁)。將香草精加入帕提西耶奶油醬中攪拌,然後加入溶解的吉力丁攪拌,再加入蛋白霜混合均勻。立即使用,或放入冷藏待其凝固。

加入蛋白霜 ADDING MERINGUE
這是帕提西耶奶油醬的輕淡版。在冷卻的卡士達裡,加入煮過的蛋白霜。使用吉力丁來使其定型。

法式奶油霜
CREME AU BEURRE

糖160g
水 85ml
蛋 1顆
蛋黃 2顆
軟化的無鹽奶油 250g
天然香草精 1/4～1/2小匙

用糖和水製作糖漿,煮到軟球狀態(請見108頁)。用電動攪拌機,將蛋和蛋黃混合均勻。攪拌機繼續運作時,以穩定的細流狀,沿著碗邊,慢慢倒入煮好的糖漿。繼續攪拌直到冷卻,並形成奶白色,質地濃稠的卡士達。

最後加入奶油,一次放一點,確保每一小份奶油都和卡士達充分混合了,再放入下一份。加入香草精混合,即可使用。

測試糖漿 TESTING THE SYRUP
法式奶油霜,即Crème au Beurre,是用來做蛋糕和糕餅的內餡。它的基底是卡士達,以蛋、蛋黃、煮好的糖漿、和奶油做成的。測試糖漿時,可將手指在冰水裡浸一下,然後拿取一點糖漿,再立即將手指放回冰水中。這一滴糖漿應該在手指間,維持一小圓球的形狀,按壓時有彈性。

奶油霜
BUTTERCREAM

過篩的糖粉 100g
無鹽奶油 100g
檸檬汁 1大匙
天然香草精 1/2小匙

將過篩的糖粉和奶油混合攪拌,直到質地均勻。加入檸檬汁和香草精攪拌,即可食用。也可加入利口酒、柑橘類果皮、咖啡精、可可粉來調味。

製作奶油霜 MAKING BUTTERCREAM

這種簡易的英式奶油霜,可用在蛋糕的海綿夾層中,或法式小點心(petits four)的小海綿底層上。

混合奶油霜
CREAMING THE
BUTTERCREAM
將同樣份量的無鹽奶油和糖粉,一起攪拌到顏色變得很淡,質地極鬆軟。

使用擠花袋 USING A PAPING BAG

專業的廚師,會一手握住擠花袋,一手填裝內餡,如下所示。另一種方式是,將擠花袋裝在廣口杯上,拉出四周的邊緣,做為支撐。

1 將擠花嘴裝入袋裡,在上方扭轉一下,以封住擠花嘴。

2 翻出擠花袋的邊緣,蓋住手的上方,然後用湯匙舀入內餡。

3 裝滿內餡後,扭轉擠花袋的上方,以排出空氣,直到擠花嘴冒出內餡為止。

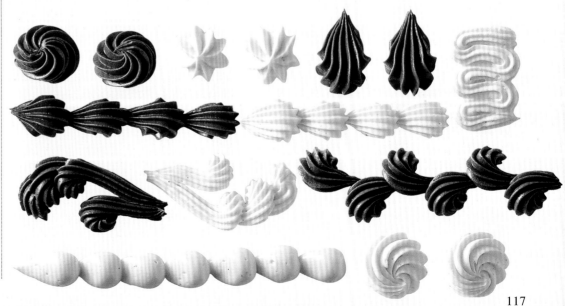

製作打發海綿蛋糕 MAKING A WHISKED SPONGE

零脂打發海綿蛋糕
FATLESS WHISKED SPONGE CAKE

蛋　4個
細砂糖(caster sugar) 120g
低筋麵粉(plain flour) 120g
鹽　1小撮
(低筋麵粉與鹽一起過篩)

先在直徑20cm的圓形蛋糕模內抹油，鋪上麵粉。烤箱預熱到170℃。

將蛋與糖放進耐熱攪拌盆內，把攪拌盆放在一鍋熱水(不可沸騰)上，打發到變白，變濃稠。將攪拌盆從裝了熱水的鍋子上移開，繼續打發到溫度下降冷卻。

麵粉與鹽過篩後，用大金屬湯匙或刮刀加入混合均勻。使用8字形的動作，將蛋液撥起、融合麵粉，而不致排出太多空氣。

倒入準備好的模型內，以170℃，烤約25分鐘。烤好後的海綿蛋糕，應該為金黃色，質地膨鬆結實。這樣可以做出6～8人份。

要做出完美的海綿蛋糕，用來加溫的水要呈微滾狀，而不能是沸騰的，否則蛋液會被煮熟。糕點師傅會用大型的攪拌器(balloon whisk)，以儘量融合入更多的空氣。不過，手提式電動攪拌器較為省時省力。

1 在室溫下，將蛋與糖放進大耐熱攪拌盆內，迅速地攪拌數秒，把蛋分解開來，再開始與糖混合。

2 將攪拌盆放在一鍋熱水上，打發到舉起攪拌器時，可以在表面上留下「8」字型痕跡的濃度。

3 將攪拌盆從鍋上移開，繼續打發3～5分鐘，到溫度已下降冷卻，而且變得很濃稠。

4 分2～3批加入過篩的麵粉，用橡皮刮刀(rubber spatula)，或大金屬湯匙，以切東西般的動作混合，以免裡面的氣泡被壓碎。

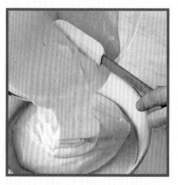

5 將完成的麵糊，慢慢地倒入準備好的模型內，讓它自己固定下來。如果模型有邊角，可能需要用刀尖或金屬籤，輕輕地將麵糊撥過去。

6 將烤好後的海綿蛋糕，脫模，放置網架上冷卻。避免在蛋糕上留下網架的痕跡，先用布巾將網架蓋好。

模型大小和烹煮時間 TIN SIZE AND COOKING TIMES

用標準的4顆蛋食譜，可以做出直徑20cm的打發海綿蛋糕。或者可以嘗試下列：

方形 *Deep Square*
使用直徑17cm的深方形模型，然後按照標準食譜烘焙。

圓形的三明治蛋糕 *Round Sandwich Cake*
使用2個20cm的淺圓形模型，用180℃烤20～25分鐘。

瑞士捲 *Swiss Roll*
使用3顆蛋來製作可捲曲的海綿蛋糕。使用抹好油、鋪好烤盤紙的，23x33cm的瑞士捲模型。用200℃烤4～5分鐘。

法式瑪德蓮貝殼蛋糕 *French Madeleines*
4顆蛋可以做出24個瑪德蓮貝殼蛋糕。在這種傳統的凹槽狀的模具上抹好油，篩上麵粉，用200℃烤5～7分鐘。

海綿蛋糕口味變化 FLAVOURING WHISKED SPONGE

巧克力 CHOCOLATE
加入2～3大匙的可可粉，和麵粉一起過篩。

咖啡 COFFEE
在2大匙滾水中，溶解2大匙即溶咖啡。加入蛋和糖中。

香草 VANILLA
在蛋和糖中，加入1小匙的天然香草精。

柑橘 CITRUS
在蛋和糖中，加入1顆磨碎的柑橘類果皮。

**玫瑰水/橙花水
ROSE / ORANGE
FLOWER WATER**
在蛋和糖中，加入1小匙的玫瑰水或橙花水。

小荳蔻 CARDAMON
撕開6顆綠色小荳蔻的種子，在研缽裡磨成粉狀。然後和麵粉一起加入蛋液中混合均勻。

增添海綿蛋糕的濃郁度 ENRICHING A SPONGE

融化的奶油，可以增添海綿蛋糕的濃郁度。融化20g無鹽奶油，放涼；如果奶油太熱，會將蛋液煮熟。按照上一頁的食譜，來製作打發海綿蛋糕。一旦將奶油和麵糊混合好後，裝入模型裡，立即烘烤。

加入奶油 ADDING THE BUTTER
以穩定的細流狀，將融化的奶油慢慢地而均勻地，倒在麵糊的表面上。然後用刮刀或金屬湯匙，快速地以切東西般的方式，混合奶油與麵糊，而不攪動麵糊。用8字形的動作將奶油混合入麵糊中。

製作法式手指餅乾 MAKING SPONGE FINGERS

法式手指餅乾做好後，看起來很像打發海綿蛋糕，但其實法式手指餅乾的麵糊，應用了質地濃郁的蛋白霜，與一般打發海綿蛋糕的程序不同。烘烤前，要撒兩次過篩的糖粉，可以充分展現出法式手指餅乾的特徵，就是上面珍珠般閃耀的糖飾。

1 注意擠花時，確定手指餅乾的長度一致，大約是可裝入夏綠蒂模的長度，或10cm長，如圖所示。各餅乾間要留空隙，預留膨脹的空間。或者也可擠花成連續的直條狀。

2 放進烤箱烘烤前，先將半量的糖粉撒在手指餅乾上。靜置片刻，等到糖粉溶解後，再撒一次。

3 連同烤盤紙一起，抬起烘烤薄板的其中一側，抖落多餘的糖粉，免得在烘烤中烤焦。

手指餅乾 SPONGE FINGERS

蛋(分蛋) 3個
細砂糖(caster sugar) 100g
低筋麵粉 75g
糖粉(icing sugar，裝飾用)

先在烘烤薄板(baking sheet)抹上油，再鋪上烤盤紙。打發蛋白，到可以形成角狀的柔軟度，再慢慢地加入半量的細砂糖，混合到質地變結實，呈現光澤。

將蛋黃放進另一個攪拌盆內，與剩餘的細砂糖一起，攪拌到顏色變淡，質地變稠。使用抹刀或金屬湯匙，將蛋黃液加入蛋白霜混合均勻。麵粉過篩，也一起加入混合。

用湯匙將混合液舀入擠花袋內，裝上普通的2cm擠花嘴。將10cm長的內餡擠到烤盤紙上，彼此間隔5cm，以留出膨脹的空間。

以180℃，烤10分鐘，到變成黃褐色，摸起來堅硬。烤好後，放在網架上冷卻。篩上糖粉裝飾。這樣可以做10～12個。

製作瑞士捲 ROLLING A SPONGE

瑞士捲的海綿蛋糕，是用淺的長方形模型烤好海綿蛋糕後，脫模，放涼，把餡料捲起來而成。請參照上一頁的打發海綿蛋糕(whisked sponge)的製作技巧，使用4個蛋、125g糖、和75g低筋麵粉(plain flour)來製作。將麵糊裝入22cm X 33cm的瑞士捲模(Swiss roll tin)內，以190～200℃，烤4～5分鐘。

1 將海綿蛋糕連同襯紙一起取出，放在網架上，靜置冷卻。將海綿蛋糕的外皮那面朝下，放在撒了糖的烤盤紙上。撕除襯紙。

2 將海綿蛋糕連同烤盤紙一起，移放到布巾上。塗抹上自選的餡料。用烤盤紙輔助，將海綿蛋糕其中一側的長邊摺起2cm。這樣做，可以讓捲起的作業進行得更順利。

3 如果想要捲得緊密一點，而不破壞海綿蛋糕，可以將抹刀放在海綿蛋糕下方，烤盤紙上方。將烤盤紙朝刀的反方向拉。

製作起酥皮
MAKING PUFF PASTRY

起酥皮在烘烤的過程中,會膨脹成薄而脆,膨鬆有層次的奶油酥皮。可以用來覆蓋甜點、做為塔點的底層、或組合成有內餡的夾心。製作時有3個主要階段:製作有彈性的基本揉和麵糰(detrempe);加入奶油;擀平與摺疊,以均勻混合奶油。

1 融化75g的奶油,然後使其冷卻。將麵粉和鹽過篩,倒在大理石板上或攪拌盆裡。在中央做出凹洞,然後倒入水和融化的奶油。用手指混合成麵糰。

2 用塑膠刮板,來混合粉類與奶油,或繼續用手指亦可。如果質地變得乾燥,就再加點水進去。但水太多的話,麵糰會太黏。

3 將麵糰塑成球狀,放在撒了手粉的烤盤紙上,在麵糰上面切割出「X」,以防收縮。用烤盤紙將麵糰包起來,冷藏30分鐘。

加入奶油
INCORPORATING THE BUTTER

不要為了貪快,而減少冷藏的時間。如果麵糰醒的時間不夠,奶油就會融化、流出。將奶油擀成2cm厚的方塊,放入冷藏。奶油的比例也很重要:太少,麵糰不夠輕盈;太多,麵糰會太油。有些廚師會秤麵糰的重量,然後使用一半重量的奶油。

1 在工作台上撒上一點手粉,開始擀開麵糰,正中央留下1塊凸起的麵糰。其餘的四個角落擀成十字形。

2 將奶油塊放在十字的正中央,把十字形的部分往奶油上摺。必要的話,稍微拉一下,以便完全蓋住奶油。

3 在工作台上和擀麵棍,都撒點手粉,用擀麵棍在上面擀,把收口處封好。然後,把麵糰擀成長方形。冷藏30分鐘。

完美的起酥皮
PERFECT PUFF PASTRY

製作起酥皮,最常犯的錯誤,就是太急躁。只有耐心才會產生成功的結果。要準備一天的時間,讓自己能仔細製作起酥皮,並有足夠的時間冷藏。工作時,確保所有的材料、設備(包括雙手),都是冰涼的。

高筋麵粉含有高度的麩質,能夠強化麵糰,增加彈性。麵糰在烘烤時,奶油會融化,而高筋麵粉在烤箱的高溫下,則會膨脹而形成包含空氣的一層層的酥皮。

在最後整形前,麵糰先擀平、摺疊、轉向,然後放入冷藏。最後整形完成的成品,在烘烤前要先冷藏。用200～220℃來烘烤起酥皮,以確保它會膨脹、變得酥脆並呈黃褐色。

起酥皮 PUFF PASTRY

無鹽奶油 375g
高筋麵粉
(strong plain white flour) 500g
鹽 2小匙
冰水 250 ml

融化75g的無鹽奶油,然後使其冷卻。在碗裡或大理石板上,混合麵粉和鹽,在中央做出一個凹洞。在洞裡倒入水和融化的奶油,然後做成柔軟的麵糰。再揉成光滑,略具彈性的圓球狀麵糰。包起來醒30分鐘。

將剩下的奶油擀成2cm厚的方塊。將麵糰擀成十字形,中央留下一點隆起處,足以容納奶油。將奶油放上中央處,把十字形的部分往奶油上摺,包起來,用擀麵棍擀平。

將麵糰擀平,摺疊,轉向,總共6次。在每次重新擀平前,就放進冰箱,冷藏30分鐘,來醒麵糰。要開始料理前先冷藏。這樣可以做出1.25kg。

擀平與摺疊 ROLLING AND FOLDING

在這個階段，要將麵糰擀平，再像摺信一樣摺疊起來。邊緣一定要保持整齊，成一直線。這樣可以確保麵糰能均勻地膨脹成，一層一層整齊的酥皮。

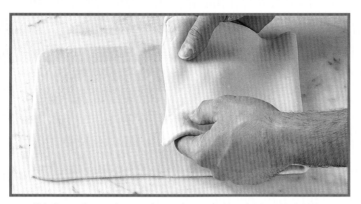

1 將麵糰擀成一長條的長方形。把下面的1/3部分，往中間摺。

2 將上面的1/3部分，往中間摺，疊在下面的1/3部分上，刷除所有多餘的手粉。

3 此時的麵皮應為正方形，有3層麵皮，邊緣應對齊，成一直線。

麵糰轉向與醒麵糰 TURNING AND RESTING

每次麵糰經擀平，摺疊，轉向後，就要用保鮮膜或烤盤紙包起來，冷藏30分鐘。這樣的過程總共要經歷6次。這樣起酥皮才能在烤好後，變得膨鬆而多層次。

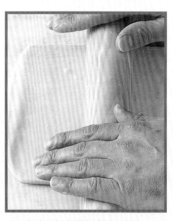

1 將方形的麵皮轉90度，讓疊在最上面，露出邊緣的那側朝向你的右邊，看起來像一本書。

2 輕輕地按壓麵糰的邊緣，封好，然後將麵糰擀成像之前一樣的長方形。

3 像之前一樣將麵糰摺疊成三摺。用手指在麵糰上做記號，記錄已摺疊、擀平、轉向幾次。接著放入冷藏。

起酥皮整型 CUTTING BASIC SHAPES

為了確保起酥皮能膨脹成均勻的層次，擀平麵糰時，要保持厚度的一致。

1 將麵糰擀平成想要的厚度，然後攤平在冰涼、乾淨的工作檯上。刷上蛋水(egg wash)(請見123頁)

2 將麵糰冷藏或冷凍30分鐘，然後用抹上油的金屬製圓模(pastry cutter)，切割出想要的形狀。

英式油酥麵糰
SHORT PASTRIES

英式油酥麵糰的質感，易碎而酥脆。奶油含量多的麵糰脂肪很高，而這種入口即化的點心，也不例外。我們加入一點水或其他液體，來使麵糰固定在一起，不致分離，再加上烘烤時的高溫，成品因此產生酥脆的口感。製作英式油酥麵糰時，要確保室溫不會過熱，食材也要冷藏過。處理麵糰的手法越輕越好，次數越少越好。否則容易產生厚重、不細緻的麵糰。

油酥餅乾
PATE SABLE

無鹽奶油 150g
糖粉 90g
蛋 1小顆，打散
低筋麵粉 250g

混合麵粉與糖粉，到顏色變淡，質感柔軟，然後加入蛋液。麵粉過篩，加入混合，做成光滑的麵糰。用保鮮膜包裹好，醒30分鐘。

油酥餅乾 PATE SABLE
油酥餅乾的質感像餅乾般酥脆，高脂，比甜酥麵糰更甜。可以用來製作餡餅(flans)和塔，或原味甜點餅乾(dessert biscuits)。

甜酥麵糰
PATE SUCREE

低筋麵粉 200g
無鹽奶油 100g
細砂糖(caster sugar) 40g
蛋黃 2顆
天然香草精 1/4小匙

麵粉過篩，倒入碗中，用摩擦的方式混合奶油。加入糖攪拌。用叉子稍微打散蛋黃和香草，加入麵粉中，做成油酥麵糰。稍微按壓麵糰，醒30分鐘。

甜酥麵糰 PATE SUCREE
這種略甜的麵糰，因為加了蛋黃和香草，而更為香濃。可用來製作餡餅(flans)、塔，或所有甜味糕點(pastries)。

油酥麵糰
PATE BRISEE

低筋麵粉 200g
鹽 1/2小匙
無鹽奶油 100g
蛋 1個，略為打散
水 約2小匙

麵粉過篩與鹽混合，加入奶油，摩擦混合。再加入蛋與足夠的水，製作成結實的麵糰。做成光滑的圓球狀，從碗裡取出，用保鮮膜包裹好，冷藏30分鐘，再使用。

油酥麵糰 PATE BRISEE
這是一種原味的油酥麵糰，是經典的英式油酥麵糰的法國版。常常用來製作水果塔，和烤水餃(baked dumplings)。

麵糰混合的技巧
MIXING METHODS

不管您使用雙手或機器，都可參考下列事半功倍的技巧。

在冰涼的大理石板上，將麵粉堆成塚狀，然後在中央挖一個洞。將奶油切成塊狀，和蛋、糖，一起放入這個洞中。用手指揉捏，將其和麵粉混合。這種技巧很適合奶油含量高的糕點。

好的食物處理機，可以用來混合麵粉和奶油，但不應超過廠商規定的容量。使用時，每次攪拌時間不要太長，如果過度攪拌，會產生非常柔軟的麵糰，就不好處理了。

製作英式油酥麵糰 MAKING SHORT PASTRY

1 麵粉過篩，倒入碗中。如果需要用鹽，將鹽和麵粉一起過篩。

2 加入奶油，摩擦均勻混合，使麵糰看起來接近麵包粉(breadcrumbs)的樣子。

3 在中央挖出一個洞，加入蛋，或在乾麵糰上灑水。

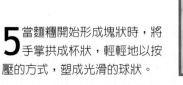

4 使用小抹刀或圓刃刀(round-bladed knife)，將液體和麵粉混合。

5 當麵糰開始形成塊狀時，將手掌拱成杯狀，輕輕地以按壓的方式，塑成光滑的球狀。

鋪襯餡餅模 LINING A FLAN TIN

要注意將麵糰擀平時,切勿過度延展,鋪在模型上時也一樣,以免麵皮在烤的過程中收縮。擀好後,鋪在模型內,放進冰箱,至少冷藏30分鐘再烘烤,這樣也有助於維持麵皮的形狀。

1 將麵糰擀成比模型還大5cm的麵皮,捲在擀麵棍上。然後,移到模型上,鬆開。

2 用多餘的小球形麵糰,將麵皮壓入模底,及模型的摺縫內。

3 將擀麵棍放在模型上,用力往下壓,切除多餘的麵皮。

脆餅 SHORTCAKE

脆餅不是一種糕點(pastry),但它運用了和油酥麵糰一樣的製作方法。成品有點像奶油含量多、質地硬脆而細密的司康(scone);比糕點或餅乾嘗起來還軟。脆餅是一種傳統的英式點心,裡面常常裝滿鮮奶油和草莓。一人份的脆餅,可以裝上不同的奶油和水果夾心。這裡示範的基本麵糰作法,也可用作烘烤起司蛋糕的底層。

脆餅 SHORTCAKE

無鹽奶油 90g
自發粉(self-raising flour) 250g
細砂糖 60g
蛋 1顆,打散
鮮奶 1大匙

內餡 Filling
打發的濃縮鮮奶油 150ml
質地柔軟的水果 350g
糖粉,裝飾用

將奶油加入麵粉中,摩擦均勻混合,使麵糰接近細麵包粉(breadcrumbs)的質感。加入糖攪拌,再加入蛋、鮮奶,作成柔軟的麵糰。以按壓的方式,將麵糰塑成光滑的球狀,然後擀成23cm的圓形。

放置在抹好油的烤盤上,用190℃烤約20分鐘,直到麵糰膨脹,略呈金褐色。放在網架上冷卻。將脆餅分開來,填裝入打發鮮奶油和水果。最後篩上糖粉。

編註:自發粉(self-raising flour)是加入了小蘇打的低筋麵粉。

蛋水 EGG WASH

蛋水,是用蛋黃和水調製而成的混合液,用來刷抹在未烤的麵包或糕點表面,使其在烤過後呈現出滑潤、金黃、明亮的光澤。蛋水也可用來封住準備烘烤的糕點,如派的蓋子(lid),和半圓形餡餅(turnovers)。

混合1個蛋黃、1大匙水、1撮鹽。用叉子攪拌到混合均勻。用毛刷(pastry brush),將刷蛋水塗抹在,即將放進烤箱內烤的麵包或糕點表面。

攪拌用工具 BLENDING TOOL

一種手提式的金屬圈糕點攪拌器,可以用來混合奶油和麵粉。這種工具是在把手上,連接一些銳利的金屬圈。藉由上下移動的動作,可將奶油俐落地切入麵粉中。

英式油酥麵糰的變化 SHORT PASTRY VARIATIONS

巧克力 CHOCOLATE
將2大匙可可粉,和麵粉一起過篩,或將60g原味黑巧克力磨碎,製造一點顏色的變化。

柑橘 CITRUS
在已經加糖的麵糰裡,加入1顆磨碎的橙、檸檬、或萊姆果皮。

烤堅果 TOASTED NUT
在油酥餅乾或甜酥麵糰中,加入60g磨碎的烤杏仁,或榛果。

脆餅的口味變化 FLAVOURING SHORTCAKE

堅果 NUTS
將60g去皮、磨碎的杏仁、核桃、或胡桃(pecan nuts)和糖一起加入。

肉桂 CINNAMON
將1小匙的肉桂粉,和糖一起加入攪拌。

薑 GINGER
將2大匙磨碎的糖漬薑片,1顆磨碎的萊姆皮,和糖一起加入攪拌。中間裝滿瑪斯卡邦起司(mascarpone cheese),和熱帶水果。

製作泡芙麵糊 MAKING CHOUX PASTE

雖然泡芙歸在糕點類，它的製作方式和其他的糕點都不一樣。這種麵糊，可以做出酥脆而含氣量高的外殼，用來填裝各式各樣的夾心，最普遍的是鮮奶油和水果夾心。

一旦麵糊製作好，可以擠花出來，或用湯匙塑型。

泡芙的烹調時間，視其形狀和大小而定。非常小的泡芙(如小圓泡芙或小的格子狀)，可以全程用220℃烘烤。較大型的泡芙，先用220℃烤10分鐘，然後轉成190℃烤15～20分鐘，或直到麵糊酥脆，呈金黃色。降溫烘烤的目的，是要確保外殼變金黃色時，麵糊內部也煮熟了。

泡芙麵糊 CHOUX PASTE

低筋麵粉 150g
鹽 1小匙
糖 15g
無鹽奶油 100g
水 250 ml 或
水 125ml 和 鮮奶 125ml
蛋 4顆，打散

將鹽和麵粉一起過篩，然後加入糖攪拌。在大的平底深鍋內，用小火加熱奶油和水，或水和鮮奶，直到奶油溶化，然後迅速調高溫度，使其沸騰。

加入混合好的麵粉，離火，攪拌。這時的麵糰應該是非常光滑均勻，鍋邊不會留下殘渣。這時不要攪拌麵糰，否則會變得很油。靜置一旁冷卻15分鐘。

稍微冷卻後，可加入雞蛋，如果太快加入，蛋會被煮熟。慢慢倒入已打散的蛋，同時不斷攪拌。當蛋全部加入後，可用力攪拌，使麵糰光滑滋潤。

製作泡芙麵糊 PREPARING CHOUX PASTE

準備泡芙麵糊有2個階段。首先混合水、麵粉、奶油，然後加入蛋攪拌。水和奶油先用小火加熱，直到奶油溶化，再加熱至沸騰。如果加熱得太快，水在奶油溶化前就沸騰，液體會被揮發掉。一旦沸騰後，馬上加入麵粉攪拌，形成煮好的圓球狀麵糰，然後才加入雞蛋。

1 用小火加熱奶油和水，直到奶油溶化。然後迅速開到大火，使其沸騰。

2 加入所有混合好的麵粉，離火，攪拌。這時的麵糰應該是非常光滑均勻的圓球狀，鍋邊不會留下殘渣。靜置一旁冷卻**15**分鐘。

3 繼續攪拌，直到麵糊變濃稠，有光澤。這時的麵糊已經可以準備使用了。

4 離火，慢慢地加入已攪開的蛋，每加入一次，就要迅速攪拌均勻，盡量打入大量的空氣。

油炸泡芙 DEEP-FRYING CHOUX

將油放進鍋內，高度約7.5cm，加熱到190℃。將麵糊裝入套上了1.5cm圓形擠花嘴的擠花袋內。在熱油上，擠出約3cm長的麵糊，用主廚刀，從擠花嘴的出口處切斷，就可以讓麵糊直接落入油內。油炸3～5分鐘，直到膨脹起來，變成金黃色。然後，用溝槽鍋匙(slotted spoon)撈起，放在廚房紙巾上瀝乾。以溫熱的溫度上菜。

5 繼續攪拌，直到麵糊變濃稠，有光澤。這時的麵糊已經可以準備使用了。

使用麵糊
USING BATTERS

許多甜點都會用到麵糊,如薄煎餅、餡餅,或烤水果布丁。所需的材料,也許會依麵糊的種類和用途,而有不同,但下列所陳述的基本技巧,可以作出質地均勻、低脂的(light)麵糊。可以使用低筋麵粉,或自發粉:低筋麵粉用來製作煎餅、餡餅、烤布丁麵糊;自發粉用來製作鬆餅和小圓煎餅(dropped pancakes)。為避免結塊,液體——水、鮮奶或雞蛋——必須依序加入。攪拌的技巧,要能夠打入空氣,使麵糊更輕盈,烤布丁煮好時才會膨脹。要作出完美的細緻煎餅,下鍋前,麵糊必須先醒30分鐘,或更久。在醒的過程中,麵粉中的顆粒會膨脹,吸收液體,所以體積會稍微增加。烹調前,如果麵糊太稠,可酌量加點水。

編註:自發粉(self-raising flour)是加入了小蘇打的低筋麵粉。

餡餅麵糊
FRITTER BATTER

低筋麵粉 300g
馬鈴薯澱粉
(potato flour or starch) 2大匙
鹽 1小撮
雞蛋 2顆
葵花油 1大匙
淡啤酒或生啤酒
(light beer or lager) 250ml
蛋白 4顆
細砂糖 40g

將麵粉、馬鈴薯麵粉或澱粉、鹽,過篩到攪拌盆中。在中央作出一個凹處。加入蛋、向日葵油、一點啤酒,慢慢和麵粉混合。攪拌均勻,酌量加入剩下的啤酒。再度攪拌均勻。

打發蛋白到結實,然後加入糖一起攪拌,作成光滑滋潤的蛋白霜。將1/4的蛋白霜加入麵糊中。然後用金屬湯匙,將其餘的蛋白霜加入混合均勻。立即使用。

製作餡餅麵糊 MAKING FRITTER BATTER

混合雞蛋和鮮奶
MIXING THE EGGS AND MILK
將麵粉過篩到攪拌盆中,和其他的乾燥材料一起混合。中央作出一個凹處。加入蛋和酌量的液體,如鮮奶。慢慢攪拌,形成濃稠,而不太均勻的麵糰。

攪拌成質地均勻的麵糊
BEATING TO A SMOOTH BATTER
加入更多液體,形成濃稠的麵糊。繼續攪拌均勻,到沒有結塊,再一次加入一點液體。慢慢加入剩下的液體,每次加入都先攪拌均勻,再加入下一次。不時用刮刀,將較濃稠的麵糊,從盆邊刮下。這可確保當液體完全加入時,麵糊是完全混合均勻。

製作質地均勻的麵糊
MAKING A SMOOTH BATTER

麵糊越均勻,最後的成品也會越輕盈、細緻。如果在攪拌麵粉和雞蛋的過程中,產生結塊,可以用以下的方式來補救。

攪拌機 ELECTRIC MIXER
將麵糊倒入果汁機中,攪拌1分鐘,到質地變得細緻無顆粒。

細孔過濾器 SIEVE
在攪拌盆上方,架一個細孔過濾器,倒入麵糊。用湯匙的背面,將結塊推進過濾器。

製作輕盈的餡餅麵糊
MAKING LIGHT FRITTER BATTER

一些濃稠的麵糊,如用來裹上其他食物的餡餅麵糊,可以使用加入啤酒,或打發蛋白的方式,使其變得輕盈。

加入液體 ADDING LIQUID
要製作質地均勻、濃稠的麵糊,可加入啤酒和蛋黃,一起攪拌。麵糊應該要呈濃稠狀,用木匙舀起時,應是略具黏性(with a dropping),而不會呈現細流狀(not pouring)。

加入蛋白 ADDING EGG WHITES
打發蛋白到結實。然後將1/4加入麵糊中。然後用金屬湯匙,將其餘的蛋白加入混合均勻。立即使用麵糊。

基本餅乾塑型 SHAPING BASIC BISCUITS

這種基本的餅乾麵糰(如本頁下方所示)，可以擀平、用模型切割；或者搓揉成圓柱形，冷藏後切片。

搓揉成圓柱形 ROLLING A CYLINDER
將麵糰搓揉成圓柱形，用保鮮膜包好，放進冰箱冷藏前，再定型一次，以確保形狀固定好看。冷藏好後，用鋒利的刀子切成同厚度的切片。這裡的麵糰，事先加入了50g的葡萄乾。

STAMPED SHAPES
將麵糰擀平，用撒了手粉的花形餅乾模，切割出餅乾的造型。剩下的零星麵糰不要浪費，可以再揉搓起來使用。烘烤前篩上金砂糖(demerara sugar)。

基本餅乾麵糰 BASIC BISCUIT DOUGH

無鹽奶油 125g
細砂糖 150g
蛋黃 2顆
低筋麵粉 225g
香草精(可省略) 1小匙

攪拌混合奶油與糖，到顏色變淡而柔軟。加入蛋黃、麵粉、香草精攪拌，做出柔軟的麵糰。稍微揉搓麵糰，冷藏15分鐘。將烤箱預熱到180℃，將兩個烤盤抹好油。

在工作台撒上手粉，將麵糰擀平，用餅乾模切割出想要的形狀，或搓揉成圓柱形，冷藏後切片。放在烤盤上，用180℃烤15分鐘，直到變淡金色。然後放到網架上冷卻。這樣可以做出12～15個。

製作白蘭地空心餅 MAKING BRANDY SNAPS

要成功地塑型這種滿是花紋的餅乾，應在其從烤箱取出時，稍微靜置，使其定型，從烤盤取下時不致破掉，但又要趁熱還有可塑性時，來進行整型。如果你還來不及將它們從烤盤上全部取下，它們就變硬了，就放回烤箱內約30秒，讓它變軟。

放置麵糊 PLACING THE PASTE
用小湯匙，將麵糊舀到抹好油的烘烤薄板上，間隔距離要大。用手指按壓成直徑3cm的圓形。

放一下使其定型 LEAVE TO SET
烤好後，讓餅乾靜置數秒鐘，到其能夠用抹刀取出，而不會破掉的程度。

白蘭地空心餅 BRANDY SNAPS

奶油 115g
金砂糖(demerara sugar) 115g
金黃色的糖漿(golden syrup) 2大匙
低筋麵粉(plain flour) 115g
薑粉(ground ginger) 1小匙
白蘭地(brandy) 1小匙

烤箱預熱到180℃，將兩個烤盤抹好油。在小平底深鍋內，融化奶油、糖，與糖漿。離火，加入麵粉、薑粉、與白蘭地，攪拌均勻。

用小湯匙，將混合料舀到已刷了油脂的烘烤薄板上，共舀4匙，間隔要大。放進烤箱，以180℃，烤7～10分鐘，直到麵糊膨脹呈扁平、呈現花邊狀、呈黃褐色。

在烘烤餅乾時，將數個木匙柄刷上油。烤好後，讓餅乾靜置數秒鐘，到其能夠用抹刀取出，而不會破掉。用抹刀插入餅乾底下，將它沿著上了油的木匙柄捲起來。靜置數秒冷卻定型，然後讓餅乾滑下去，放在網架上冷卻。重複同樣的作業，完成其餘的餅乾。這樣可以做出20個。

整形餅乾 SHAPING THE BISCUITS
用刷了油的木匙柄，將每一個白蘭地空心餅捲起來，花紋的那面朝外，邊緣處稍微重疊。捲好後，讓餅乾滑下去，放在網架上冷卻。

瓦片餅 TUILES

蛋白 3顆
糖粉 100g
低筋麵粉 100g
融化的無鹽奶油 60g
天然香草精(可省略) 1/2小匙

要製作基本的法式模板麵糊
(stencil paste)，先將蛋白和糖
粉攪拌均勻。加入麵粉，稍微
攪拌到混合即可。加入融化的
奶油，和香草精攪拌，到質地
均勻。用保鮮膜包起，冷藏
30分鐘。

將烤箱預熱到200℃，將2個烤
盤抹上油。用小湯匙，將混合
料舀到已刷了油脂的烘烤薄板
上，間隔要大。用蘸了水的湯
匙，將混合料均勻推成5cm的
圓形。烘烤5〜8分鐘，直到
餅乾的邊緣呈淡金色。

在烘烤餅乾時，將擀麵棍刷
上油。烤好後，讓餅乾靜置數
秒鐘，到其能夠用抹刀取出，
而不會破掉。用抹刀將餅乾取
出，將它放在擀麵棍上，沿著
弧度捲下去。維持這個動作數
秒，使其冷卻定型。這樣可以
做出18個瓦片餅。

製作瓦片餅 MAKING TUILES

瓦片餅是用基本法式模板麵糊(stencil paste)做成的。它可以用許多不同的
方式來塑型(請見210〜211頁)，但最經典的外觀就是如下所示的瓦片形。
為了做出這種形狀，要將餅乾沿著抹過油的擀麵棍捲一下，如下所示。
花邊狀的白蘭地空心餅，也可用這種方式塑型。如果將它做得稍大，可以
放在空心模型上，將中央往下壓，整型成鬱金香餅(Tulips)，用來盛裝其他
甜點。瓦片餅也可壓碎後，撒在甜點上，製造口感的對比。

1 如果需要製作較大的瓦片
餅，可以舀上1大匙(而不是
1小匙)的麵糊，然後抹開成
10cm的圓形。

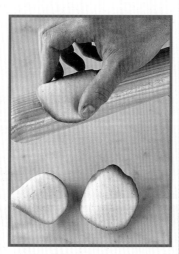

2 烤好後，立即用刷了油的擀
麵棍整型，做成有弧度的
瓦片餅。然後，放在網架上
冷卻。

製作奶油酥餅 MAKING SHORTBREAD

奶油酥餅傳統上，常用來搭配水果
沙拉、冰淇淋等甜食。這裡示範
的，是手指形奶油酥餅的作法。麵
糊可以切割成任何形狀。可以嘗試
方形、菱形、三角形，或心形和圓
形的餅乾模。

裝入模型 FILLING THE TIN
將麵糊緊密地壓入準備好的模型
內。用手指來壓，並且確認麵糊
的各部份，都均勻地分布在模型
裡了。

切割麵糊
CUTTING THE DOUGH
烤好之後，立刻切割酥餅。撒上糖
粉。靜置在模型裡定型。

奶油酥餅 SHORTBREAD

無鹽奶油 115g
細砂糖 55g
低筋麵粉 115g
細砂糖，裝飾用

將烤箱預熱到170℃，然後將
一個31cm X 21cm的模型，抹
上奶油。將奶油與糖，攪拌成
鬆軟的乳狀。加入麵粉混合。

將混合料舀入模型內，用手
指按壓，讓質地緊密，表面平
整。如果你要切割酥餅成不同
的形狀，如手指狀(fingers)，
要在烘烤前先劃上記號。

烘烤約35分鐘，直到奶油酥
餅變成淺金色。用之前劃好的
記號做輔助，立即切割出想要
的形狀。從烤箱移出，立即撒
上糖粉，在模型內冷卻約
15分鐘，或直到酥餅定型。然
後從模型取出，放在網架上，
讓奶油酥餅徹底冷卻。這樣可
以做出18〜20個。

冷卻奶油酥餅
COOLING THE BISCUITS
一旦酥餅變硬，用抹刀將其取出，
小心地轉移到網架上冷卻。

果凍和吉力丁
FRUIT JELLIES
AND GELATINE

利用吉力丁使甜點定型時，應當記得：有些水果或果汁內的酵素(enzyme)，會破壞吉力丁內的蛋白質，因而減弱定型效果。剛開始，吉力丁似乎仍有凝固作用，但過了24小時，甜點就會開始軟化。生的鳳梨、木瓜、檸檬汁都有這種酵素。加熱可以破壞這種酵素，因此殺菌過的果汁，和罐頭水果，都沒有這個問題。

果凍
FRUIT JELLY

水 150ml

糖 150g

吉力丁 15g

新鮮水果汁 500ml

利口酒或烈酒 3大匙

水果 500g

用糖和水來製作糖漿，加入吉力丁溶解。

當糖漿仍熱時，加入果汁，和利口酒或烈酒，讓其冷卻。

在模型底部放入一層水果，澆上做好的果凍汁，放入冷藏，使其凝結。重覆同樣的步驟，直到裝滿模型為止。

加入吉力丁
ADDING GELATINE

用生的水果或果汁，製作果凍時，先將其加熱過，或使用多一點吉力丁，或確保果凍一但凝固，就要上桌食用。

加入果汁和酒類
ADDING JUICES AND ALCOHOL

要記得在果凍汁仍溫熱時，加入調味的液體，這樣味道才會均勻地分部在果凍裡。

使用吉力丁 USING GELATINE

不論您使用哪種吉力丁，要記得溶解前，都要適當地浸泡過。如果要避免不均勻的溶解和凝結，這點很重要。在溶解的吉力丁內，加入一點要定型的混合液，來稀釋。絕對不要在吉力丁內，加入冷藏的液體或混合液。低溫的液體會使吉力丁產生條狀。將稀釋過、已溶解的吉力丁，在室溫下，加入要定型的混合液中。如果加熱吉力丁到沸騰，會降低其定型效果。一般的比例是：3片吉力丁(3g)，2又1/4小匙吉利丁粉 (7g)，或1小包(7g)，可凝結600ml的液體。

溶解吉力丁片
SOAKING LEAF GELATINE

將吉力丁片浸泡在冷水中約5分鐘。吉力丁片不會溶解，但會變軟。從水中取出，擠出多餘水分，然後放在乾淨的耐熱碗中，加入足夠份量的，要用來溶解吉力丁的液體。

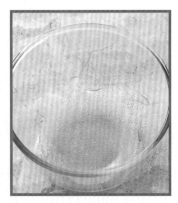

將吉力丁粉泡成海綿狀
SPONGING POWDERED
GELATINE

將4大匙的冷水(或其他液體)倒入碗中。將吉力丁粉均勻撒在表面，不要攪拌。如果攪拌，會形成結塊。靜置5分鐘，直到吉利丁吸收水份而膨脹。看起來呈海綿狀。

溶解吉力丁
DISSOLVING GELATINE

將裝有吉力丁和溶解的液體的碗，放在一鍋微滾的水上方，一邊加熱，一邊攪拌，直到吉力丁完全溶解在液體中。

洋菜
AGAR-AGAR

這是一種素食的吉力丁代替品，從海藻中提煉出來。它需要比吉力丁更高的溫度，才能凝結，產生的口感也不同—用洋菜定型的甜點較結實，不易在口中融化。遵照包裝上的說明使用。

專業的廚師較少使用洋菜。尤其在製作甜點上，廚師比較推薦巧克力，或奶油等來幫助定型。可可奶油(cocoa butter)為最好的素食代用品之一，可以和許多食譜相容。它的味道強烈，但只要一點就能幫助定型，而且通常可用甜點本身的味道蓋過。

蛋糕
CAKES & GATEAUX

一人份小蛋糕INDIVIDUAL GATEAUX

·

經典蛋糕CLASSIC CAKES

·

海綿布丁SPONGE PUDDINGS

·

酵母蛋糕 YEASTED CAKES

蛋糕 GATEAUX

蛋糕的變化很多，因此可依不同場合，做出風味各異的漂亮蛋糕。

這些技巧並不複雜，並可使您熟悉組合蛋糕的方法。

切割夾層 CUTTING LAYERS

要做出完美的蛋糕，夾層應切得均勻。使用夠長、鋸齒狀的刀子，並用來回鋸動的方式來切割。

引導記號 ALIGNMENT
在蛋糕邊切出垂直的凹槽記號，以此做為蛋糕重組時的引導記號。

徒手切割 CUTTING FREEHAND
水平地往中央方向切去，再沿著蛋糕周邊切割，以確保各邊所切的厚度一致。

使用輔助工具 USING GUIDES
在蛋糕的兩邊，平行放上相同尺寸的攪拌木匙(或其他相似的物件)。將刀子放在木匙上，來切割蛋糕。

互補和對比的夾層口味 COMPLEMENTARY AND CONTRASTING LAYERS

不同口味的海綿夾層，可以製造驚喜的美味。如果要組合兩種口味的蛋糕，先將麵糊分成兩半，分開調味後，放在兩個相同尺寸的三明治模型(sandwich tin)裡烘烤。重要的是，要選擇能互相搭配的口味。您可參考以下的建議，或自行創造您喜愛的口味組合。

- 巧克力和原味海綿蛋糕：在原味海綿蛋糕上刷上蘭姆糖漿。再加上巧克力甘那許(Ganache)，或咖啡、栗子、水果慕斯做夾心。
- 巧克力和咖啡海綿蛋糕：用巧克力、或摩卡(mocha)口味的鮮奶油做夾心。
- 天使蛋糕(Angel Food cake)：用巧克力甘納許、水果和香堤伊奶油醬(Crème Chantilly)、或咖啡慕斯做夾心。

刷上調味汁與塗抹內餡 IMBIBING AND FILLING

將海綿夾層組合前，要先用利口酒、強化葡萄酒、或烈酒，來加以滋潤與調味。內餡的份量，要對應海綿夾層的大小。較厚的海綿夾層，所用的夾心內餡也要多一些。留一點內餡，做塗層(coating)蛋糕之用。

刷上調味汁滋潤 IMBIBING
將海綿夾層組合前，先刷上蘭姆酒或白蘭地。也可以使用利口酒調味過的淡度糖漿。

塗抹內餡 FILLING
調味過的鮮奶油，加上水果細粒，很適合較薄的海綿夾層。甜美多汁的鮮奶油，加上整顆的漿果，則可搭配較厚的海綿夾層。

塗層蛋糕表面 COATING THE SIDE AND TOP

重新組合蛋糕夾層時，記得將原來的底層倒轉過來，移作最上層，因為它的表面最平坦。然後可以開始塗層。可以使用剩下的夾心內餡。這裡示範的是，在蛋糕周邊塗上堅果粒，以製造口感的對比。

1 用抹刀將夾心內餡，均勻地沿著蛋糕周邊，塗上薄薄的一層。

2 用抹刀輕輕地將堅果粒壓上。專業廚師可以直接將蛋糕轉一圈，完成塗層。

3 在蛋糕頂部表面，抹上內餡，小心不要弄亂堅果粒的塗層。

天使蛋糕 ANGEL FOOD CAKE

蛋白 12個(約350 ml)
塔塔粉(cream of tartar)
1又1/2小匙
細砂糖(caster sugar) 280g
低筋麵粉(過篩) 85g
玉米細粉(cornflour，過篩)
25g
香草精 1小匙

打發蛋白，直到產生氣泡，再加入塔塔粉，繼續打發到質地變結實。加入糖，一次只加1大匙，每加入一次就要打發，直到變成結實的蛋白霜。
　將麵粉、玉米細粉一起過篩(過篩2次，使質地更輕盈)。加入蛋白霜內混合均勻。最後也混合入香草精。
　倒入未抹油的天使蛋糕模或空心圓模(loose-bottomed tin)內，以175℃，烤40～45分鐘，直到蛋糕膨脹，呈金黃色，按壓起來有彈性。烤好後，將蛋糕留在模型內，倒扣，放涼，如果模型沒有支撐腳架，就在下面墊一個網架。靜置到完全冷卻。這樣可以做出10～12人份。
　用美式霜飾(American Frosting)來作夾心內餡。作法如同義式蛋白霜(請見68頁)，使用150g的細砂糖、和1顆蛋白。加入1/4小匙的香草精。

製作天使蛋糕 MAKING ANGEL FOOD CAKE

這種著名的美式蛋糕，它的特點就在於只用蛋白，而不用蛋黃製作，所以，質地非常膨鬆而含氣量十足。蛋糕烤好後，留在模型內，以上下顛倒的方式冷卻，以防蛋糕收縮，或變形。如果不想使蛋糕太甜，可使用香堤伊奶油醬(crème Chantilly)(請見116頁)，並以幾滴玫瑰水，或橙花水來調味。

混合
FOLDING
將麵粉、玉米細粉，加入蛋白霜內，用橡皮刮刀，混合到剛好拌勻。切勿混合過度，以免壓碎了蛋白霜的氣泡。用同樣的方式加入香草精。

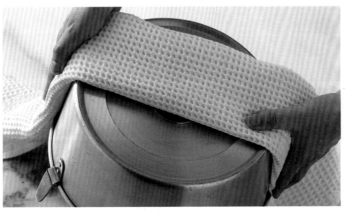

冷卻 COOLING
烤好後，讓蛋糕留在模內，上下顛倒，以模型上的立腳站立支撐。如果模型上沒有立腳，就讓蛋糕模倒扣在網架(wire rack)上。

脫模 UNMOULDING
徹底冷卻後，脫模。必要時，用刀子從旁插入輔助。

131

巧克力堅果圓頂蛋糕
Chocolate Nut Dome

這是用開心果鮮奶油，和櫻桃巧克力慕斯，所作成的圓頂蛋糕，
裹上濃郁的巧克力醬汁，底部是開心果海綿蛋糕。
冷藏之後，表面的黑巧克力膠汁，和細緻的白巧克力裝飾片，
形成美麗的對比。

前置作業
PREPARATION PLAN
▶ 製作開心果海綿蛋糕，和開心果鮮奶油。
▶ 製作巧克力膠汁(glaze)，並將模型鋪上烤盤紙。
▶ 製作巧克力慕斯。

製作開心果達垮司 For the pistachio dacquoise
蛋白 2顆
細砂糖 20g(1大匙)
杏仁粉 45g
糖粉 50g
開心果糊(paste) 10g(2小匙)

⋯

製作開心果烤布蕾 For the pistachio burnt cream
濃縮鮮奶油 125ml
鮮奶 75ml
開心果糊 40g(50g開心果泥，加上1大匙葵花油)
糖 25g
蛋黃 3顆

⋯

製作巧克力膠汁 For the chocolate glaze
打發用鮮奶油 300ml
糖 50g
巧克力 250g
奶油 50g

⋯

製作巧克力慕斯 For the chocolate mousse
糖漿 75g(用40g的糖和40ml的水做成)
小的蛋黃 3顆(60g)
巧克力 160g
打發用鮮奶油 300ml

⋯

酒漬酸櫻桃(Griotte cherries in alcohol) 100g
白巧克力

1 製作圓形擠花用的達垮司：打發蛋白呈立體，加入過篩的杏仁粉、細砂糖、糖粉混合均勻。將一點蛋白混合液，加入開心果糊中，使之稍微軟化，再加入剩餘的混合液混合均勻。然後將做好的達垮司，在舖好烤盤紙的烤盤上，均勻抹開來，用180℃烤15分鐘。

2 製作開心果烤布蕾：將鮮奶油和鮮奶稍微加熱，加入開心果糊。攪拌蛋黃和糖到均勻，然後倒在熱好的鮮奶油和鮮奶上。用細孔過濾器過濾，倒在烤盤上。用100℃烤30分鐘。靜置冷卻。

3 製作巧克力醬汁：加熱鮮奶油和糖，澆在巧克力塊上，加入奶油攪拌，直到巧克力溶化，成為質地均勻的醬汁。將其倒入16cm的圓頂模(dome mould)中，稍微傾斜一下，使醬汁均勻地分佈，同時倒出多餘的醬汁，重覆這樣的步驟，直到模型內，敷上一層厚度足夠的醬汁。靜置使其凝固。

4 製作巧克力慕斯：將糖漿加熱到120℃。同時打發蛋黃到顏色變淡，體積變成三倍大。將熱糖漿加入蛋黃中，同時不斷攪拌，直到蛋黃冷卻。融化巧克力，加熱到35℃，然後加入蛋黃和糖漿的混合液中。用混合均勻的方式，使其融合，再快速地加入打發好的鮮奶油混合均勻。冷卻後，裝入擠花袋中，用螺旋狀的方式，沿著圓頂的形狀，從模型的底部到頂端，擠上慕斯，用湯匙的背面抹平。將酒漬酸櫻桃瀝乾，保留浸汁，將一些櫻桃壓入慕斯中。

5 用湯匙舀上一層開心果烤布蕾，擠上一層巧克力慕斯，然後再加入更多的櫻桃。

6 切下一塊圓盤狀的海綿蛋糕，要比模型的直徑略小，刷上櫻桃浸汁。放在最後一層的巧克力慕斯上，輕輕地壓入模型裡。放入冷凍，直到定型。

7 將蛋糕脫模，放置在網架上。用大湯杓在全部的蛋糕上，舀上巧克力醬汁，然後冷藏。

8 融化白巧克力並調溫，然後鋪在膠片(acetate)上。上面再放一層膠片，然後塑型成想要的形狀。放入冷凍直到定型。丟棄膠片，將白巧克力裝飾在蛋糕上，用融化的白巧克力固定。

組合有慕斯夾心的蛋糕 ASSEMBLING MOUSE-FILLED GATEAUX

放在模型裡組合才能完美製作有慕斯夾心的蛋糕。這種技巧也可用在其他的蛋糕上。這裡示範的是，有桃子慕斯夾心的天使蛋糕(請見113頁)，在模型裡組合的過程，這個23cm的圓形蛋糕模(loose-bottomed tin)，也是烘烤海綿蛋糕的同一個模型。

1 在模型裡組合，蛋糕夾層和慕斯。以蛋糕開始第一層，也以蛋糕結尾，放入慕斯前，輕輕地將每層蛋糕壓緊。冷藏定型。

2 將一個上菜的盤子(platter)，蓋在模型上方，將兩者同時翻轉過來。用雙手的大拇指握緊模型，以免滑動。

3 將一條溫熱的布巾，圍在模型上2分鐘。這可以幫助黏在模型裡的慕斯，順利脫模。

4 用溫熱的抹刀，將擠出蛋糕周圍的慕斯抹平，形成一層薄薄的塗層。必要的話，塗上更多的慕斯。

白色的霜飾和黑巧克力的裝飾，形成顏色的對比。角落的櫻桃，增添了一絲明亮的色彩。

組合方形和矩形的蛋糕
ASSEMBLING SQUARE AND OBLONG GATEAUX

這是草莓和白巧克力夾層的海綿蛋糕，蛋糕先用白蘭地櫻桃酒(Kirsch)濕潤過。要特別注意蛋糕的四個角，使其平整。將可移動的模型底部，換成蛋糕底盤(cake card)。當夾層組合好，要脫模時，用1條熱布巾包住模型外圍，然後將模型的底盤放在一個罐子(jar)上，雙手扶住模型的兩邊，向下施力，即可取出蛋糕。

用20cm的方形模型，來烘烤打發海綿蛋糕(請見118頁)。用18cm的模型，來組合切好的蛋糕夾層，用250g的水果來製作慕斯內餡(請見65頁，份量要加倍)。

棋盤式蛋糕 CHEQUERED GATEAUX

要製作漂亮的棋盤式蛋糕，關鍵是切割蛋糕時要準確。確定夾心內餡都調味好了，並且容易塗抹。這裡示範的是，巧克力和香草海綿蛋糕，配上咖啡香緹伊奶油醬(請見116頁)。先製作打發海綿蛋糕麵糊(請見118頁)。分出一半來，加入1/2小匙香草精混合均勻。另一半則用10g過篩的可可粉調味。兩份蛋糕都用20cm的三明治模(sand-wich tin)來烘烤，用170℃烤15分鐘。冷卻後，每份蛋糕都各切成均勻的兩層。

1 用15、10、5cm的金屬環或切割模，將每層蛋糕切割成環狀。切割模的位置要放在蛋糕的正中央，以確保每一圈蛋糕都是平均的。

2 在20cm的蛋糕底盤(cake card)上，交錯組合巧克力，和香草海綿蛋糕環。在蛋糕環的內圈，塗上一層薄薄的內餡，再放下一環。組合好後，也在這一整層的蛋糕頂部上，抹上內餡。

3 接著組合下一層，同樣將巧克力，和香草海綿蛋糕環，交錯組合，但位置和上一層相反。所以這兩種口味，在水平和垂直的方向，都會彼此交錯。以同樣的方式，組合剩下的蛋糕層。

長條狀蛋糕 LOAF-SHAPED GATEAUX

使用20x30cm的模型。如果要製作棋盤式，可將打發海綿蛋糕麵糊，分成兩半，各自調味。然後在20x15cm的模型裡，同時烘烤兩種口味的蛋糕，之間用雙層厚的鋁箔紙，作成垂直的分隔線。用170℃烤15分鐘。

長條狀
LOAF
烘烤兩塊長條狀的蛋糕，水平地各切成兩層。然後組合成三明治般的夾層，配上柔軟而薄的夾心，如調味過的鮮奶油，或香緹伊奶油醬。

棋盤狀
CHEQUERBOARD
將每塊海綿蛋糕，水平地各切成兩層，每層再各切成6塊20cm的長條狀。依照本頁上方示範的技巧，組合成棋盤狀。

巧克力和香草蛋糕，擠上咖啡鮮奶油，旁邊用巧克力手指(chocolate fingers)裝飾。另一種組合是原味和開心果棋盤蛋糕，配上奶油(buttercream)霜飾。

一人份蛋糕 INDIVIDUAL GATEAUX

一人份蛋糕的好處是，容易上菜，因此頗受歡迎，

另一個吸引人的要素，是其精緻的外觀。

這裡示範的食譜和裝飾技巧，只是入門的建議，希望能引發您自己更多的創意。

摺疊海綿蛋糕 FOLDING SPONGES

圓形而薄的輕杏仁海綿蛋糕，可以對摺後，加入內餡，製作成一人份的甜點，冷、熱皆可食。要趁著杏仁海綿蛋糕還熱的時候，具有可塑性，快速摺疊，冷卻後，蛋糕就會定型。

1 將兩塊烤盤都鋪上烤盤紙。在烤盤的一邊，舀上3小匙的麵糊，形成圓形，再用湯匙的背面，稍微將中央抹平。不要將麵糊整個推開，因為在烤的過程中，它會自己膨脹。在每塊烤盤上，都放上兩份，之間的間隔要大。

2 將寬的抹刀插入蛋糕下方，使其脫離烤盤，然後將它翻轉過來，放在網架上。立即將它摺疊成兩半，中間要留下足夠的空隙。維持摺疊的動作數秒，使其定型。冷卻後，裝入打發好的鮮奶油和水果。篩上糖粉裝飾。

杏仁海綿蛋糕 ALMOND SPONGE

杏仁粉 40g
糖粉 40g
蛋 3顆
天然香草精 數滴
橙花水 數滴
細砂糖 30g
過篩的低筋麵粉 50g
融化的無鹽奶油 25g

將杏仁粉和糖粉，放在攪拌盆裡混合。加入1顆蛋。將其他的蛋，蛋黃、蛋白分離，然後將蛋黃加入杏仁糊中。攪拌到顏色變淡，呈濃稠狀。加入香草精和橙花水攪拌。

打發蛋白到變結實。篩上糖粉，繼續攪拌到質地結實、光滑。分出1/3，加入杏仁糊中混合均勻，加入一半的麵粉混合均勻。然後加入1/2剩餘的蛋白霜、剩餘的麵粉、再加入所有的蛋白霜。在麵糊的邊緣，倒入融化的奶油，再混合均勻。放置在烤盤上(請見右上方的步驟1)，用220℃烤6～8分鐘，直到蛋糕膨脹、定型、呈淡金色。這樣可以做出6人份。

熱摺疊海綿蛋糕的食用方式
SERVING HOT FOLDED SPONGES

在加熱過的杏桃或覆盆子果醬，或紅醋栗果凍中，加入一點利口酒或烈酒，來加以稀釋。海綿蛋糕從烤箱取出後，趁熱立即抹上熱果醬，再摺疊。然後放到已溫熱的盤子裡，夾入新鮮水果。篩上糖粉後上菜。

切割和組合海綿蛋糕
CUTTING AND ASSEMBLING SPONGE SHAPES

用刀子或金屬切割模,來切割蛋糕的形狀,才能產生俐落的線條,有利於展示裝飾的重點。切割和組合的方式,要能夠顯露裝飾性的內餡。當然您也可以將夾層疊起來,抹上塗層,隱藏內餡。這裡示範的是,薄層打發海綿蛋糕,用22x33cm的模型,依照烘烤製作瑞士捲的方式來烘烤(請見138頁),使用3顆蛋。

切割 CUTTING
用鋒利的鋸齒刀,或最好是金屬切割模,在海綿蛋糕薄層上,切割出想要的形狀。

組合
ASSEMBLING
組合的方式,可以完全由您的想像力決定,請嘗試不同的變化。裝飾的份量要注意整體比例—水果要切小塊,使用小的鋸齒花嘴來擠花。

塗層
COATING
上好內餡的夾層組合好後,即可塗層,用抹刀塗上鮮奶油、堅果粒和椰子粉,如圖所示。可可粉也很適合。

扇形排列 FANNING SPONGE LAYERS

想要跳脫傳統的小蛋糕盛盤法,可以嘗試一點現代的手法。在盤子上,依扇形堆疊海綿蛋糕夾層,一個盤子使用3~4片。各夾層間再放上內餡。使用不同的內餡,可以產生色彩變化,增加吸引力。

製作海綿蛋糕捲 MAKING A ROLLED SPONGE

這是專業廚師由瑞士捲改良而來的配方。瑞士捲要趁熱從窄的那邊捲起，蛋糕捲則是要冷卻後，從寬的那邊捲起。這樣做出的蛋糕捲，形狀整齊，並可容納較多的內餡。要做出22x33cm的海綿蛋糕層，使用3顆蛋、90g的細砂糖、各40g的玉米細粉和低筋麵粉。按照108頁的製作方法。蛋糕做好後，篩上細砂糖或糖粉裝飾，或進行塗層。

1 將海綿蛋糕和烤盤紙，一起從烤盤上取出，放到網架上冷卻。

2 取另一烤盤紙，撒上細砂糖，將海綿蛋糕放上來，正面向下，然後撕除烤盤紙。

3 將選擇好的內餡，均勻地抹在蛋糕上。從寬的那邊，開始捲起約2cm的長度，要捲緊。

4 持續捲的動作，同時拉起烤盤紙，使蛋糕能均勻地捲起。

蛋糕捲的裝餡與塗層 FILLING AND COATING FOR ROULADES

- 加糖的打發鮮奶油，配上水果，或直接用利口酒調味。
- 烤布蕾(Crème au Beurre)(請見117頁)，或帕提西耶奶油醬(Crème Patissière)(請見116頁)。
- 慕斯(請見63～65頁)：水果慕斯，可搭配原味海綿蛋糕；黑巧克力或白巧克力慕斯，可搭配巧克力海綿蛋糕。

讓慕斯凝結到綿密的質感。也用慕斯來做塗層和裝飾。
- 先用鮮奶油或慕斯，來作薄薄的塗層，再壓上堅果粒、餅乾屑、磨碎的(grated)巧克力、烤過的椰子粉、或壓碎的帕林內(praline)。將塗層材料放在烤盤紙上，然後用蛋糕捲捲過去。

5 快捲到底時，用拉起的烤盤紙蓋在蛋糕上，繼續捲的動作。捲到底時，將已拉起的烤盤紙的末端，塞入蛋糕捲裡，用抹刀將它向下壓，同時另一手將另一邊的烤盤紙向外拉，這樣可以幫助蛋糕捲捲緊。

巧克力栗子蛋糕捲
CHOCOLATE CHESTNUT ROULADE

準備製作巧克力海綿蛋糕捲。製作濃郁的栗子慕斯，使用250g的加糖的栗子泥、1大匙的威士忌、3大匙的淡度糖漿、1又1/2小匙的吉力丁、300ml的濃縮鮮奶油。按照簡單水果慕斯(Simple Fruit Mousse)的製作方法(請見65頁)。

巧克力海綿蛋糕捲 CHOCOLATE ROULADE SPONGE

蛋(蛋黃和蛋白分離) 5顆

細砂糖 140g

低筋麵粉 60g

玉米細粉 20g

可可粉 40g

蛋黃加入100g的砂糖，隔著熱水攪拌，直到顏色變淡，質感變稠。用剩下的糖和蛋白，也是隔著熱水，打發成蛋白霜。將蛋白霜加入蛋黃液中混合。

將低筋麵粉、玉米細粉、可可粉一起過篩，然後加入上面的混合液中混合均勻。接著放到舖好烤盤紙的烤盤上，均勻地抹成38x28cm、厚5mm的矩形。用180℃烤10分鐘，然後移到網架上放涼。

1 在海綿蛋糕上刷加了威士忌的淡度糖漿(請見**108**頁)，然後抹上**2/3**的慕斯，再捲起來。

2 用剩下的慕斯，來塗層蛋糕，用抹刀均勻地塗上。

3 篩上可可粉，並用糖漬栗子(marron glacé)裝飾。

經典蛋糕 CLASSIC CAKES

有些蛋糕，無論時代怎麼變遷，有多少甜點推陳出新，永遠不失其魅力。
製作這些經典蛋糕時，只選用最好的材料，
使麵糊輕盈，內餡也不要太甜。

製作薩赫巧克力蛋糕 MAKING SACHERTORTE

薩赫巧克力蛋糕的豪華與濃郁，來自於奶油和融化的巧克力，但很多時候我們也加入蛋黃和糖。傳統上，麵粉(和其它的乾燥材料)，和蛋白霜，是分批加入的。這樣可以做出輕盈、滋潤的海綿蛋糕。

1 製作蛋白霜，然後靜置一旁。奶油加入糖後，攪拌到顏色變淡，變軟，然後慢慢加入蛋黃攪拌。再加入融化並冷卻的巧克力混合均勻。

2 在混合液裡，加入約1/3的蛋白霜，和一半的過篩的玉米細粉混合均勻。分批加入剩下蛋白霜的一半、玉米細粉、全部的蛋白霜，充分混合。

薩赫巧克力蛋糕 SACHERTORTE

黑巧克力 150g
軟化的奶油 250g
細砂糖 200g
蛋 5顆，蛋黃蛋白分開
過篩的玉米細粉 100g

在20cm的圓形蛋糕模上，抹油、撒上麵粉。將黑巧克力隔水融化，用熱水但不要用滾水，然後靜置冷卻。在奶油中加入一半的細砂糖，攪拌到顏色變淡，變軟，然後慢慢加入蛋黃攪拌。

打發蛋白呈立體，然後慢慢加入剩下的糖攪拌，做成柔軟的蛋白霜。

將融化並冷卻的巧克力，加入蛋黃混合液中。然後分2～3次，加入蛋白霜和玉米細粉混合均勻。

將混合液均勻地倒入模型裡。用160℃烤40～45分鐘。然後讓蛋糕在模型裡冷卻5分鐘，再移到網架上放涼。

薩赫巧克力蛋糕的塗層和霜飾
COATING AND ICING SACHERTORTE

蛋糕烤好後，讓它冷卻，然後切成兩層，接下來就是裝飾了。

用紅醋栗果醬，塗上夾層，組合。用膠汁塗層整個蛋糕，再用巧克力霜飾(請見112頁)覆蓋在蛋糕表面。用熱抹刀，迅速地抹過蛋糕上面，整平，抬起網架，輕敲一下工作台，讓巧克力霜飾穩定下來。靜置，讓巧克力霜飾凝固。

堅果蛋糕 NUT TORTE

奧地利式堅果蛋糕(Austrian-style tortes),是用杏仁粉來取代麵粉,所以,質地密實,口味濃郁。剛從烤箱取出時,中央部份稍軟,但冷卻後,就會變得結實。

將巧克力與堅果,加入已經混合成乳化的材料內攪拌(請見上一頁的說明),然後小心地將蛋白霜拌入(fold in)。

醉蛋糕 TIPSY CAKE

製作基本醉蛋糕的麵糊,需要150g的無鹽奶油、150g的細砂糖、3顆蛋、和225g的自發粉。將奶油與糖,攪拌到乳化再加入蛋黃,再加入麵粉,一次加入一點,直到麵粉用完。將麵糊倒入準備好的模型中(請見以下說明)。

1 加入麵糊前,模型要先抹上厚厚的奶油。然後用160℃烤約35分鐘,直到摸起來結實。然後放在網架上冷卻。

2 製作糖漿(請見108頁),使用150ml很濃的黑咖啡,和50g的糖,然後加入2大匙的白蘭地或蘭姆酒。用湯匙將糖漿,舀上烤好的蛋糕,使其均勻濕潤,再作裝飾。

巧克力堅果蛋糕 CHOCOLATE NUT TORTE

無鹽奶油(軟化) 225g
綿褐糖(soft brown sugar) 150g
蛋(分蛋) 4顆
原味苦巧克力(冷藏,磨碎) 200g
榛果(磨碎) 200g
杏仁粉 25g
細砂糖 50g

先在直徑23cm的圓蛋糕模內抹油,鋪襯紙。先將奶油與糖,攪拌到乳化,再加入蛋黃,攪拌混合。加入磨碎的巧克力與研磨過的堅果,攪拌均勻。

將蛋白放進另一個攪拌盆內,打發到質地結實,再加入糖混合,作成蛋白霜。然後,加入巧克力的混合料內混合。倒入模型內,以150℃,烤60分鐘。

用原味打發鮮奶油作內餡,以平衡其甜味。也可以在鮮奶油裡加入草莓。

醉蛋糕,用香堤伊奶油醬作塗層及裝飾,上綴包裹巧克力糖衣的咖啡豆。巧克力堅果蛋糕,用甘那許(Ganache)和榛果作塗層,再擠上格狀的白巧克力。

141

熱內亞蛋糕
Pain de Gênes

這道傳統甜點最重要的角色，就是質地細密而滋潤的杏仁海綿蛋糕—
也就是Pain(法文麵包之意)。
它總是用圓形蛋糕模來烘烤，這裡示範的是用白巧克力慕斯、水果、
堅果、白巧克力捲來裝飾，適合作為特殊場合的華麗尾章。

前置作業
PREPARATION PLAN
▶ 烤箱預熱到170℃。
▶ 製作杏仁海綿蛋糕，放入舖了
  杏仁粉的圓形蛋糕模烘烤。
▶ 製作巧克力慕斯和裝飾。

製作杏仁海綿蛋糕 *For the almond sponge cake*

糖粉 75g
杏仁粉 175g
香草精
蛋黃 4顆
蛋白 4顆
糖 50g
低筋麵粉90g
融化的奶油 45g

• • •

製作白巧克力慕斯
For the white chocolate mousse
打發用鮮奶油 300ml
白巧克力 150g

白巧克力 150g
覆盆子 250g
紅醋栗 50g
烤過的杏仁片

1　將22cm的蛋糕模抹上油，大方撒上烤杏仁片，確定模型內面都徹底地舖滿杏仁片，這樣蛋糕才會沾上均勻的塗層。甩掉多餘的杏仁片，然後放一旁備用。

2　製作杏仁海綿蛋糕：糖粉和杏仁粉過篩，倒入攪拌盆混合。這樣可以避免麵糊結塊，並能打入空氣。加入香草精、全蛋、和蛋黃攪拌。繼續攪拌到質地蓬鬆，均勻混合為止。

3　製作瑞士蛋白霜(請見68頁)：隔著熱水，打發蛋白和糖。打發時稍微轉動碗，使蛋白液質地均勻。打發到蛋白呈立體。將蛋白霜加入麵糊混合均勻。先加入麵粉，再加入融化的奶油。倒入模型中，用170℃烤30分鐘，到蛋糕膨脹呈金黃色。

4　同時，製作白巧克力慕斯：將白巧克力隔水融化。在平底深鍋裡，用小火加熱打發鮮奶油，然後加入融化的白巧克力中。將兩者混合均勻，放一旁冷卻。半打發(semi-whip)剩下的鮮奶油，然後加入白巧克力中，混合均勻。

5　將海綿蛋糕脫模，放在網架上冷卻。冷卻好後，用鋸齒刀水平切成兩層。用兩根木匙放在蛋糕的兩邊做輔助，可以幫助切出均勻的夾層(請見130頁)。將下面那層的蛋糕，塗上白巧克力慕斯，然後放上另一層蛋糕。用大型圓擠花嘴，沿著蛋糕表面邊緣，擠上更多慕斯。

6　隔水加熱，融化150g的白巧克力，然後倒在光滑的工作檯或大理石板上，用抹刀將其抹平，重覆數次，直到巧克力平滑均勻。使其稍微冷卻，然後切成2.5cm的方形。先用角落的巧克力做測試—如果刀子能俐落地劃下，就代表冷卻好了。再讓它冷卻一會兒，再用抹刀刮下方形巧克力。從方形的一角開始，沿對角線刮，力道要均勻。這樣可以使巧克力捲起。讓巧克力捲冷卻定型後，再使用。

7　將白巧克力捲，小心地放在巧克力慕斯擠花上，避免弄亂。用新鮮水果，覆盆子和紅醋栗，來裝飾蛋糕中央。加入一點烤杏仁片，製造顏色和口感的對比。最後在蛋糕上，均勻地搖篩上糖粉。

海綿布丁 SPONGE PUDDINGS

海綿布丁，不論是蒸的或烤的，一直是很受歡迎的英式傳統甜點。

從基本食譜出發，它已衍伸出許多變化，

但不變的原則是，要現作，熱呼呼的上桌。

將一個1.1 litre的布丁盆(pudding basin)抹上奶油。準備2張鋁箔紙和1張吸油紙，用來蓋在碗上，中間作一道壓摺，紙要夠大，能夠摺下碗邊(請見下一頁的說明)。準備一個隔水加熱的蒸籠。

將奶油和糖、香草精，攪拌到乳化。加入雞蛋攪拌，再加入一點麵粉，避免凝塊。

加入剩下的麵粉混合均勻。將果醬放入布丁盆的底部，然後舀入麵糊。稍微將麵糊攪開來，然後蓋上作好壓摺的吸油紙和鋁箔紙(用綿線綁緊)，用鋁箔紙將布丁盆封好—這可以阻擋蒸氣的進入，同時維持盆內的濕潤，避免布丁形成硬殼(crust)。如果布丁在煮的過程中膨脹，吸油紙和鋁箔紙上的壓摺，可以提供額外的空間。將布丁蒸約1又3/4～2小時。必要時，再往鍋子裡加水。煮好後，將布丁翻面，配上英式奶油醬(Crème Anglaise)(請見116頁)。這樣可以作出6人份。

編註：自發粉(self-raising flour) 是加入了小蘇打的低筋麵粉。

海綿布丁的食用方式 SERVING SPONGE PUDDING

傳統上，蒸布丁都是搭配熱卡士達(custard)食用，如英式奶油醬(Crème Anglaise)(請見116頁)。但您也可以嘗試，水果庫利(coulis)(請見113頁)、鮮奶油、新鮮白起司(fromage frais)、糖漿(請見108頁)、或撒上帕林內(praline)、磨碎的巧克力、熱的果醬(fruit preserve)。

蒸海綿布丁 STEAMING SPONGE PUDDING

蒸海綿布丁的質感，比烤海綿布丁來得濕潤、柔軟而厚實。用鋁箔紙和吸油紙將布丁盆封好(朝向布丁的那一面可以抹上奶油)，這可以避免布丁變潮濕，同時又使布丁有膨脹的空間。

1 使用品質好的杏桃果醬(或類似的代替品)，加上1大匙的不甜(dry)雪利酒，和一些切碎的即食乾燥水果，如杏桃。然後放入布丁盆底部。

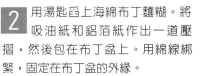

2 用湯匙舀上海綿布丁麵糊。將吸油紙和鋁箔紙作出一道壓摺，然後包在布丁盆上。用綿線綁緊，固定在布丁盆的外緣。

3 用鋁箔紙將布丁盆封好(這可以阻擋蒸氣的進入)。將它用綿線固定在布丁盆的外緣。將布丁放在蒸籠裡，隔水加熱。

4 取出布丁。原來沿著鋁箔綁上的綿線，可以沿著碗的上方，再綁一次，即可做為提起布丁的把手。

布丁盆 PUDDING BASIN

傳統的布丁盆，很適合用來做蒸布丁。邊緣(本來是用來綁撒了麵粉的綿布)可以用來綁做把手的綿線。底部略平，這樣做好的布丁，還可以加上表面餡料。

5 撕除吸油紙和鋁箔紙，用一個盤子蓋住布丁碗，然後翻轉，倒出布丁。搭配英式奶油醬，立即上桌。

杏仁海綿蛋糕 ALMOND SPONGES

杏仁海綿蛋糕麵糊(請見136頁)，用途很廣，用蒸的或用烤的，可以做出輕盈的熱甜點。不僅可做一人份，如果要做大一點的布丁，就用900ml的布丁盆，蒸1小時。

準備模型
PREPARING THE MOULD
將6個175ml的一人份布丁盆(或模型)刷上油。一直刷到最頂部，以免布丁沾黏。

一人份海綿布丁
INDIVIDUAL SPONGE PUDDINGS

使用一半份量的基本海綿布丁麵糊(請見144頁)，用一顆磨碎的檸檬皮取代香草，來調味。

1 在4個耐熱皿的底部，塗上淡度焦糖(請見109頁)，然後放上一些水果，這裡示範的是橙肉。

2 用湯匙舀入麵糊，用190℃烤15分鐘，直到麵糊膨脹變結實。翻轉過來，移到盤子上，用糖漬檸檬絲裝飾。

蒸布丁 STEAMED PUDDINGS
將麵糊平均分裝到模型裡，像做大型布丁一樣蓋好(請見上一頁)，然後蒸30分鐘。

烤布丁 BAKED PUDDINGS
或者也可以用烤的，就不用蓋起來，用180℃烤12～15分鐘，直到膨脹，摸起來感覺結實。

檸檬布丁
LEMON PUDDINGS

在杏仁海綿蛋糕麵糊(請見136頁)裡，加入1顆磨碎的檸檬皮。準備6個175ml的模型，在底部放入2大匙高品質的檸檬凝乳(lemon curd)，再加入海綿麵糊。蒸30分鐘，然後搭配熱英式奶油醬(Crème Anglaise)食用。

巧克力海綿布丁
CHOCOLATE SPONGE PUDDINGS

製作一份蒸海綿布丁麵糊(請見144頁)，使用125g的自發粉、和30g的可可粉一起過篩。麵糊平均分裝到6個175ml的模型內，蓋好，蒸40分鐘。趁熱搭配現做的熱巧克力醬(請見115頁)上桌。

酵母蛋糕 YEASTED CAKES

利用酵母麵糊做成的蛋糕,如傳統的沙弗林(savarin),
和巴巴甜點(babas desserts),都非常柔軟,具有一種特殊的風味。
麵糊的製作也很簡單。

準備酵母麵糊 PREPARING YEASTED BATTER

目標是要做出有彈性的麵糊。剛開始麵糊會顯得有點黏,但後來會變得質地均勻、光滑,可以做成球狀。

1 將液體材料加入乾燥的材料中,攪拌直到質地均勻。將手指併攏,用手掌來拍打麵糊。

2 蓋好,待其膨脹,以同樣的方式,加入軟化的奶油。繼續拍打,直到麵糊有彈性。

蘭姆巴巴 RUM BABAS

美味的蘭姆巴巴,可在剛出爐時趁熱食用,也可以冷卻後,澆上糖漿,並以鮮奶油裝飾。

1 按照酵母麵糊的食譜製作,在奶油裡加入75g的桑塔那葡萄乾。將麵糊裝在8個95ml的模型,或一人份的環形模(ring tin)裡烘烤。

2 在巴巴上澆淋300ml的糖漿(請見108頁),使其濕潤。依照製作沙弗林(savarin)(請見下一頁)的方式來冷卻。擠上打發好的鮮奶油裝飾。

酵母麵糊 YEASTED BATTER

高筋麵粉(strong plain flour)
250g
鹽 1小匙
細砂糖 1小匙
蛋 3顆(打散)
鮮奶 80ml
新鮮酵母 20g
無鹽奶油 50g

將麵粉、鹽、糖過篩,倒入攪拌盆中。在中央做一個凹處,加入雞蛋。加熱鮮奶到微溫。將酵母捏碎,倒入碗中,然後慢慢加入牛奶,再倒入麵糊中。

慢慢攪拌麵糊,使其質地結實。用手掌來拍打麵糊,直到質地均勻。將麵糊蓋好,放在溫暖處,使體積膨脹到2倍。

當奶油軟化後,加入麵糊中,照之前的方式拍打約5分鐘,直到麵糊有彈性。

用融化的奶油,刷在模型上。放入冷藏,在刷上第2層奶油。將麵糊放入模型裡,約1/3的高度。將模型蓋好,待麵糊膨脹到模型的邊緣,然後放入烤箱用190℃烤25~30分鐘。

熱帶水果沙弗林
Exotic Fruit Savarin

沙弗林本為Brillat-Savarin的創作，在法國有150年以上的歷史，
這裡我們做出新的詮釋，以打發鮮奶油，
和浸過糖漿的熱帶水果做內餡，
再以內含辛香料的棉花糖球(spun sugar ball)，綴於頂端。

前置作業
PREPARATION PLAN
▶ 將烤箱預熱到170℃。
▶ 製作並烘烤海綿蛋糕。
▶ 製作糖漿，用來浸泡水果。
▶ 打發鮮奶油，裝入蛋糕做內餡。
▶ 製作糖飾(sugar decoration)。

製作沙弗林海綿蛋糕 *For the savarin sponge*
低筋麵粉 250g
酵母 20g
鹽 5g
糖10g
蛋 3顆
融化的奶油 50g

製作水果的部份 *For the fruits*
芒果1顆
奇異果 2顆
木瓜 1顆
大型鳳梨 1顆
...

製作糖漿 *For the syrup*
水 200ml
糖200g
肉桂棒 1根
橙皮 1顆，萊姆皮1/2顆
整顆丁香 4顆
香草莢 1根
薄荷葉 1支
...

製作棉花糖 *For the spun sugar*
糖 250g
水 500ml
...

杏桃果醬
打發好的鮮奶油
肉桂粉
八角 (star anise)
香草

1 製作沙弗林海綿蛋糕麵糊：麵粉過篩，倒入攪拌盆，加入酵母、鹽、糖。倒入雞蛋，一次加一點，同時用木匙不斷攪拌，直到混合均勻。加入融化的奶油，混合均勻。然後裝入抹好奶油的沙弗林模型，到一半的高度，放置在溫暖的地方，待其膨脹到原來的2倍。放入烤箱，用170℃烤40分鐘，直到成金棕色。

2 準備芒果、奇異果和木瓜：用鋒利的刀子，縱切芒果和木瓜，然後剝下果皮。剝除奇異果的果皮時，用手指應該比用刀子方便。將果肉切成1cm的方塊。

3 準備鳳梨：丟棄果皮和中間的核。先切除兩端，讓鳳梨直立，然後從頭到尾切下果皮，不要切太薄，才可切除粗糙的部份。用刀尖挖除鳳梨眼，切除果核。將果肉切成1cm的方塊。

4 製作糖漿：將水和糖煮到沸騰，然後加入調味料。將果皮切碎，泡在糖漿中15分鐘。將糖漿倒在水果上，蓋好，醃一下。

5 將水果瀝乾，放一旁備用。將海綿蛋糕沾一下糖漿，然後刷上熱杏桃果醬，使其發亮，然後放在盤子裡。打發鮮奶油裝入擠花袋中，在蛋糕的中央擠花。然後放上色彩繽紛的水果。

6 製作棉花糖球：將糖漿煮到硬脆狀態(請見108頁)。將鍋底泡在冷水中，使加熱過程暫停。拿2支叉子，以背對背的方式握好，放入糖漿中沾一下，當糖漿開始從叉齒流下時，快速地將叉子在鍋子的把手上，上下甩動。糖絲就會從把手垂下，定型(請見209頁)。

7 非常小心地，用手捧起糖絲，塑成糖球。將一些肉桂、八角、香草清潔乾淨，小心地嵌入糖球中。將糖球放在熱帶水果裝飾上，然後上桌。這個糖球是純粹裝飾用，不應食用。

沙弗林 SAVARIN

這種環狀蛋糕,是以這位有名的法國美食家,Jean-Anthelme Brillat-Savarin來命名的。它通常用蘭姆酒和糖來調味,並搭配香堤伊奶油醬(Crème Chantilly)和水果食用。

1 按照酵母麵糊的食譜(請見147頁)進行。將麵糊倒入準備好的23cm的模型裡,用上過一點油的保鮮膜蓋好,然後靜置,待其膨脹到模型頂端。用190℃烤25～30分鐘。

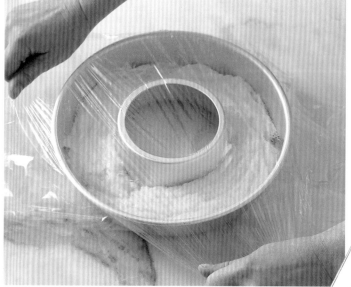

2 加熱500ml的水、5大匙的蘭姆酒、200g的糖、1顆檸檬皮,到沸騰,然後浸泡約10分鐘。用糖漿將煮好的沙弗林充分濕潤,然後待其冷卻後,脫模。(或將沙弗林模型翻轉,放在網架上,下方放一個托盤或盤子。刷上足夠的糖漿,使沙弗林充分濕潤,然後待其冷卻。)

沙弗林
或巴巴的變化
VARYING
SAVARINS OR BABAS

所有新鮮水果的組合,都用來製作沙弗林。鳳梨和芒果很適合,這裡示範加了辛香料的糖漿。稍微水波煮過的櫻桃、杏桃,和白蘭地櫻桃酒糖漿很對味。

糖漿 SYRUP
· · · · · · · · · ·
用3根綠色小荳蔻(cardamoms)的種籽、2片月桂葉(bay leaves)、1顆橙皮、1顆檸檬皮、1顆萊姆皮,來調味糖漿。浸泡後瀝乾。

可可 COCOA
· · · · · · · · · ·
可以在糖漿裡溶解可可粉,也可加入可可香甜酒(Crème de Cacao)或白蘭地。

白蘭地櫻桃酒 KIRSCH
· · · · · · · · · ·
可以在糖漿裡加白蘭地櫻桃酒,代替蘭姆酒。

咖啡 COFFEE
· · · · · · · · · ·
使用濃烈的黑咖啡,來製作搭配巴巴的糖漿。

用水果來填充沙弗林的中央缺口。這裡示範的是,使用楊桃片、木瓜和鳳梨塊、去皮的荔枝、和整顆的櫻桃和燈籠果(physalis),再用百香果籽點綴其中。

3 將沙弗林放在上菜的盤子裡,刷上杏桃果膠(Apricot Nappage)(請見113頁)。

4 在中央缺洞處裝進香堤伊奶油醬(請見116頁),然後用新鮮水果蓋在上面。

糕點
PASTRIES

派，塔和餡餅 PIES, TARTS & FLANS

·

法式脆餅和脆餅 SABLE & SHORTCAKE

·

起酥皮甜點 PUFF PASTRY DESSERTS

·

果餡捲餅和薄片酥皮 STRUDEL & FILO PASTRIES

·

泡芙麵糊 CHOUX PASTE

派，塔和餡餅
PIES, TARTS & FLANS

法國的塔和餡餅，特色在於它的油酥麵糰(short pastry)、
奶香豐富的內餡、塗滿膠汁的水果裝飾，因而聞名全球。
以下示範的技巧並不複雜，只要加一點創意，用一點時間，就可以駕輕就熟。

鋪襯餡餅模
LINING A FLAN TIN

在開始擀皮前，先在甜酥麵糰
(Pâte Sucrée)裡，加入1～2小匙的
水，擀皮時，千萬不要過度延展，
以免麵糰破裂。要將麵糰擀得比模
型還大，然後對摺，用擀麵棍支撐
(避免麵皮撐開)，移到模型上方，
再輕輕展開來。如果麵皮有些地方
太小，輕輕地用手指按壓的方式，
延展成適當的大小。這裡示範的
是，水果和杏仁奶油派(fruit and
almond cream pie)，要使用900ml
的金屬餡餅模或塔模。這樣可以做
出4～6人份。

1 一手做輔助，一手用指節
輕輕地將麵皮，壓進模型
裡。動作要快，以免蓋在模型
邊緣的麵皮破掉。

2 輕輕地將麵皮壓進模型的
內緣。如果有多出來的部
份，就讓它貼著模型邊垂著。

3 將擀麵棍放在模型上，用
力往下壓，切除多餘的麵
皮。將麵皮放入冰箱冷藏30分
鐘，再進行下一步。

空烤酥皮
BAKING AN EMPTY SHELL AND BAKING BLIND

有些餡料，只需要進行短時間
加熱，我們必須先將它們的外
殼加熱到半熟(空烤酥皮)，
然後從烤箱取出，裝入餡料，
再放回烤箱烤熟。如果餡料完
全不需加熱，則麵皮必須先完
全烤熟，再填充餡料。用200℃
烤15～25分鐘，使外殼呈淡金
色為止。

空烤酥皮
BAKING BLIND

陶瓷鎮石(baking beans)的重量，
可以避免麵皮，在烘烤的過程中移
位，幫助定型。亦可使用任何一種
普通的乾燥豆類。

1 在麵皮底部用叉子打洞。

2 在麵皮上鋪上烤盤紙或鋁
箔紙，裝入鎮石(baking
beans)或乾燥豆類，到與模型邊
緣同高。以200℃，烤10～15分
鐘，直到麵皮定型，加熱到
半熟。

填裝餡料
FILLING A
COOKED FLAN

水果餡餅的底層餡料,傳統上是使用帕堤西耶奶油醬(crème pâtissière)(請見116頁),不過這裡用的是杏仁奶油醬(Almond Cream)。

1 在餡餅底層,刷上薄薄的一層融化的巧克力(黑、白皆可)。靜置使其凝固。

2 然後放上杏仁奶油醬,到一半的高度,再放上水果,新鮮的或刷過膠汁的皆可。這裡共使用了**250g**的新鮮水果,包括整顆的紅、白葡萄,切成對半的草莓,奇異果切片。

替質地柔軟的水果上膠汁 GLAZING SOFT FRUIT

在新鮮水果上,刷上杏桃果膠(Apricot Nappage)(請見113頁),或融化的紅醋栗果凍。或者也可用淡度焦糖(light caramel)(請見109頁)澆淋在水果上,塗層到約3/4的程度。

杏仁奶油醬 ALMOND CREAM

細砂糖 120g
水 4大匙
蛋(分蛋) 2 顆
烤過的杏仁粉 120g
蘭姆酒 4小匙
天然香草精 1/2小匙

用60g細砂糖,和2大匙的水,來製作糖漿,煮沸到軟球狀態(請見108頁)。同時,稍微打散蛋黃。慢慢將糖漿倒入,同時仍不斷繼續攪拌,直到蛋液顏色變淡、變稠。然後加入杏仁粉、

蘭姆酒、香草精混合均勻。

用剩下的糖和水,製作第二份糖漿,亦煮沸到軟球狀態。打發蛋白到結實,然後慢慢將糖漿倒入,同時仍不斷繼續攪拌,形成質地結實的蛋白霜。將蛋白霜加入杏仁粉混合液中混合均勻。杏仁奶油霜即完成,必須立即使用,用來填裝餡餅或迷你塔。

其他的填裝餡料和表面餡料
CREAMING FILLINGS
AND ADDITIONAL TOPPINGS

■ 填裝餡料 Fillings
迷你塔(tartlets)可以擠上香堤伊奶油醬(Crème Chantilly)。也可嘗試香草或水果慕斯(請見65頁),或白巧克力慕斯(請見64頁)。

■ 表面餡料 Toppings
可以用融化的巧克力(黑、白皆可),均勻地澆淋在水果上。上面可以再擠上義式蛋白霜。放在烤爐(grill)下一會兒,使蛋白霜呈金黃色。

153

亞爾薩斯李子塔 ALSATIAN PLUM TART

這道料理結合了澆酒火燒的水果如李子、洋梨、蘋果、漿果。派皮是用甜酥麵糰(請見122頁)製作的。使用23.5cm的餡餅模,用空烤酥皮(baked blind)的方式以170℃烤15分鐘。

1 將400g的李子去核、切成對半,用30g的無鹽奶油略炒。然後加入2大匙的李子白蘭地(plum brandy),或利口酒(liqueur),用火點燃酒精。當火熔熄滅時,將李子和其醬汁,放入派皮內排列好。

2 在雞蛋裡加入60g的糖,一起打散。再加入各60ml的鮮奶和鮮奶油,攪拌均勻後,澆在李子上。放入烤箱,用170℃烤10分鐘,然後灑上50g的杏仁片(slivered almond),再繼續烤5分鐘。

塔丁蘋果塔派 TARTE TATIN

這種經典的法式甜點,起源於20世紀初,受歡迎的程度歷久不衰,它用焦糖調味,並且是覆蓋在麵皮下烤,烤好後,再倒過來盛盤,上菜。要使用品質好的烹飪用蘋果,才能做出成功的蘋果塔。

1 在平底鍋裡加熱50g的無鹽奶油,使其融化,然後加入100g的糖,和1大匙的水。再加入1.2kg的(Golden Delicious)蘋果,要先去皮、去核、切成對半。煮到底下那面的蘋果呈金黃色,然後使其稍微冷卻。

2 將蘋果放在23cm的耐熱模型內,用油酥麵糰(Pâte Brisée)(請見122頁),蓋在水果上,以220℃,烤20分鐘。烤好後,輕搖模型邊緣,使餡餅鬆脫,再把餐盤蓋在鍋子上,翻面,變成上下顛倒。小心地移開鍋子。趁熱搭配法式濃鮮奶油(Crème frîiche)上桌。

法式蘋果塔 FRENCH APPLE TART

這道料理並不困難,水果是和派皮一起烤的。使用4～5顆史密斯奶奶(Granny Smith's),或其它適合的蘋果。蘋果去皮、切成厚薄一致的切片,馬上放入檸檬汁內避免變色。使用甜酥麵糰(請見122頁)製作,但不要空烤酥皮(baked blind)。

1 使用23.5cm的餡餅模,將蘋果片重疊地排列在派皮上。然後在整個餡餅上,刷上75g融化的奶油。

2 撒上100g的細砂糖,用190℃烤約45分鐘,直到蘋果變軟,呈棕色。

製作水果迷你塔 MAKING FRUIT TARTLETS

一份甜酥麵糰,可以分裝在小派餅模(patty tins)裡,做成12～14個水果迷你塔。

先在派皮上刺細孔,然後用180℃烤10分鐘。放在網架上冷卻。然後填裝入帕堤西耶奶油醬(crème pâtissiére)或香堤伊奶油醬(Crème Chantilly),再加上水果,並刷上杏桃果膠(Apricot Nappage)(請見113頁)。

紅醋栗、鳳梨、奇異果組合的迷你塔(左);芒果、藍莓、紅醋栗(中);白醋栗、覆盆子、杏桃(右)。

巧克力帕林內奶油醬 CHOCOLATE PRALINE CREAM

濃縮奶油 100ml
天然香草精 3滴
黑巧克力,切碎 110g
帕林內(請見109頁) 50g
軟化的無鹽奶油 20g

巧克力放在碗裡,將鮮奶油和香草一起加熱到快沸騰,淋在上面。攪拌均勻。冷卻後加入帕林內和奶油。攪拌直到充分混合,然後靜置冷卻,中間仍不時攪拌。

製作巧克力塔 MAKING CHOCOLATE TARTS

要製作巧克力帕林內塔時,先將派皮放入一人份塔模內烤熟,然後用湯匙舀入巧克力帕林內奶油醬。冷藏直到凝固。再灑上烤杏仁、榛果粒,與糖粉。

製作卡士達塔 MAKING CUSTARD TARTS

卡士達塔製作起來簡單省時,因此適合作為快速甜點,尤其適合搭配水波煮水果。用甜酥麵糰(請見122頁),在12個標準尺寸的小派餅模(patty tins)中舖好。刺上細孔,然後冷藏。卡士達的部份,製作如焦糖奶油醬(Crème Caramel)(請見46頁)一半的份量即可,在蛋液裡加入2小匙的低筋麵粉。

1. 在派皮裡加入卡士達,到略低邊緣一點的高度,用180℃烤20分鐘,到其凝固,成淡金色。

2. 熱食冷食皆可。若熱食,將水波煮洋梨(請見14頁)切片,然後澆上巧克力醬(請見115頁)。

155

塔塔蘋果塔
Tarte Tatin

起源於Lamotte-Beuvron地區的塔塔(Tatin)姐妹，
這是經典的一人份法式甜點，這種蘋果塔，是覆蓋在麵皮下烤，
烤好後，再倒過來，變成水果在上，派皮在下。
這裡示範的版本，還加了淋過焦糖的堅果和冰淇淋。

製作派皮 For the pastry

低筋麵粉 200g

鹽 1小撮

奶油 100g

糖 30g

蛋 1顆

水 1大匙

‧‧‧

製作內餡 For the filling

蘋果(Golden Delicious) 1kg

‧‧‧

製作焦糖 For the caramel

糖 115g

水 1大匙

奶油 60g

香草莢 1/2根

‧‧‧

胡桃(pecan nuts) 50g

松子(pine kernels) 50g

開心果 50g

香草冰淇淋

1 製作派皮：將麵粉和鹽一起過篩，倒入碗中，用摩擦的方式混合奶油。加入糖攪拌。將蛋稍微打散，加入足夠的水，然後加入麵粉中，均勻混合成麵糰。將麵糰用保鮮膜包起，冷藏30分鐘。

2 同時，準備蘋果：將蘋果去皮、去核、切成6等份。切的時候不要求快，盡量切成大小一致的蘋果，甜點做好才好看。

3 製作焦糖：融化糖、水、奶油。撕開香草莢，挖出種子，加入糖水中，煮到淡度焦糖(light caramel)狀態。加入蘋果，再煮2～3分鐘，然後加入堅果和松子，但不要和蘋果混合得太近，以方便待會調味後取出。煮約5分鐘。

4 將麵糰擀平成約3mm厚的圓形。以模型或鍋子的底部為標準，切割出4個圓盤狀麵皮。放入預熱好的烤箱，用190℃烤7～10分鐘，到呈淡金色。

5 將堅果從焦糖中取出，在一人份模型中，重疊地排列蘋果，澆入大部份的糖漿。然後蓋上圓盤狀麵皮。用170℃烤10～15分鐘。

6 烤好後使其冷卻，再翻轉脫模，倒置在上菜的盤子裡。將一個梭(quenelle)狀的香草冰淇淋，放在水果中央，然後盤子的周圍，用湯匙舀上一些焦糖和堅果。

名稱逸趣 What's in a Name？

今天已成為巴黎Maxim餐廳招牌菜的這道甜點，其實有著一段謙卑的來歷。據說，在20世紀初，有一對窮苦的塔塔姊妹，在Lamotte-Beuvron地區，經營著一家小型的旅館和餐廳，叫「車站旅店」(Hotel de la Gare)。她們最受歡迎的甜點，就是平價的烤蘋果塔。有一天生意十分忙碌，姐妹之一忘了先將派皮放入鍋裡，就丟入蘋果，她不願意眼睜睜看食物被浪費，便將派皮放在蘋果之上，當作蓋子，再將蘋果送入烤箱。要上菜的時候，她將蘋果塔翻轉過來，美味的焦糖汁液，也因此流浸酥脆、金黃的派皮周圍。沒想到因此大受當地人的歡迎，今日這道甜點仍是法國人的最愛之一。

林茨蛋糕 LINZERTORTE

派皮 Pastry
杏仁粉 100g
糖粉 100g
肉桂粉 2小匙
水 5小匙
軟化的無鹽奶油 560g
低筋麵粉 600g

覆盆子果醬 Raspberry jam
覆盆子 500g
糖 450g
葡萄糖 50g
果膠 (pectin) 35g

將杏仁粉、糖粉、肉桂粉、水、加入奶油中混合。接著加入麵粉，做成麵糰，但不要過度搓揉。用包鮮膜包好，冷藏30分鐘。

現在製作果醬：將漿果和225g的糖共煮，直到水果軟化，汁液濃縮。將剩下的糖和果膠混合，加入水果中，轉成大火，使其沸騰，然後離火冷卻。

用一半份量的麵糰，舖上23cm的餡餅模底部。然後裝入冷卻的果醬。再舖上格子狀的麵皮，刷上蛋水(egg wash)後，用180℃烤45分鐘，到呈淡金色。篩上糖粉，放回烤箱再烤5分鐘。靜置冷卻。

舖上格狀表面餡料
APPLYING A LATTICE TOPPING

這種可食的格狀麵皮，可用在餡餅或塔上，作為表面裝飾。這裡我們用來製作林茨蛋糕。

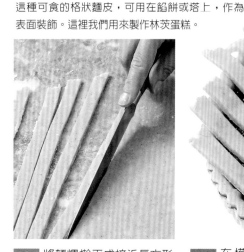

1 將麵糰擀平成接近長方形的形狀，長度約等於模型的直徑，然後將其切割成1.5cm寬的長條狀。

2 在模型表面等距地舖上這些長條狀的麵皮，先朝同一個方向舖。

3 再從另一個方向，用編織的方式，串進麵皮。

4 全部編織好後，在邊緣的麵皮上沾點水，然後向下壓緊、定位，再修除掉多餘的部份。

水果派和塔 FRUIT PIES AND PLATE TARTS

在英國，所謂的派(pie)，只有一層脆皮(single crust)；而塔(tart)則有兩層(double crust)，例外的是，雙層脆皮派(double-crust pie)。其他的分別還有，塔是用淺盤(shallow dish)或深碟(deep plate)烘烤的，這種容器又稱作烤塔盤(tart plate)。因此，「派」通常比「塔」來的深。

有的派，不在盤子底部舖上麵皮，而在邊緣黏上一條麵皮，如這裡示範的深水果派(deep fruit pie)(見下一頁)。然後將表面麵皮黏上去，使其定位，就像其他用麵皮舖底的派點作法一樣。

製作水果派 MAKING A FRUIT PIE

這裡的水果派,是用油酥麵糰(Pâte Brisée)來做。表面覆蓋上麵皮,以免果汁溢出。烤盤的邊緣也黏上一條麵皮。

1 這裡使用900ml的橢圓烤盤,將麵糰擀成比口徑還大5cm的尺寸。從麵皮邊緣切下2cm的長條。將烤盤邊緣沾濕,然後黏上長條狀的麵皮。

2 在烤盤裡裝入675g準備好的水果,新鮮杏桃、大黃、李子、或混合杏桃和覆盆子(如圖所示)。在每層水果上,都加一點細砂糖。

3 將邊緣的麵皮沾濕,然後黏上一整片的麵皮,覆蓋住烤盤。一手捧住烤盤,一手用刀子,從下方帶點角度,朝外修除多餘的部分。

4 用一手的指節部份,將麵皮邊緣向外施壓,一手用刀背輕快地,在外圍劃出均勻的波浪。

5 接著用左手食指,繼續將邊緣部份向外施壓,另一手用刀背劃上垂直的記號。這種波浪效果,是傳統甜派的必備裝飾。在表面派皮上切個洞,或幾道細痕,然後刷上鮮奶。用180°C烤30〜35分鐘。

蘋果和洋梨塔
Apple and Pear Tart

甜味的派皮，盛滿了淋上焦糖的什錦水果和堅果，
在這美味的內餡上，以佈滿堅果的牛軋糖環固定，
中央的缺口處，擺上新鮮水果做裝飾。

前置作業
PREPARATION PLAN
▶ 烤箱預熱到170℃。
▶ 烘烤派皮。
▶ 製作內餡。
▶ 製作牛軋糖(nougat)環。
▶ 加入裝飾。

製作甜味派皮 For the sweet pastry

奶油 100g

低筋麵粉 200g

鹽 1小匙

糖 40g

蛋 1顆

香草精 1/4小匙

• • •

製作水果和堅果內餡 For the fruit and nut filling

甜點蘋果(sweet apples) 2顆

甜點洋梨(sweet pears) 2顆

奶油 50g

糖 50g

蜂蜜 1大匙

杏仁 50g

開心果 50g

松子 50g

• • •

製作牛軋糖 For the nougat

糖 150g

葡萄糖 50g

水 50ml

杏仁片 50g

• • •

蘋果和洋梨片

1 首先製作甜味派皮：用指尖將奶油用摩擦的方式，和麵粉混合成細麵包粉(breadcrumb)的樣子，然後依序加入鹽、糖、蛋、香草精。揉搓麵糰到光滑，然後冷藏30分鐘。取出擀平，舖在24cm的烤塔模上。將派皮用鋁箔或烤盤紙蓋好，裝滿陶瓷鎮石(baking beans)，然後空烤酥皮(請見152頁)10～15分鐘。

2 再來製作內餡：蘋果和洋梨去皮，切成1cm的方塊。將糖、奶油、蜂蜜，同煮成焦糖。加入蘋果和洋梨，煮5分鐘，再加入堅果(留一點待會用)。繼續煮一會兒，直到所有材料都裹上蜂蜜焦糖。離火，用湯匙舀入派皮內，將表面抹平。

3 製作牛軋糖：將糖、水、葡萄糖，煮到淡度焦糖狀態(請見109頁)。加入杏仁攪拌，然後倒入抹好油的烤盤上。待其冷卻後，放入冷藏使其定型。然後放到食物處理機內攪成粉末。在卡紙上剪下一個與塔模同大的圓形，放在舖了烤盤紙的烤盤上，在上面均勻地撒上牛軋糖粉末，與預留的杏仁片、開心果和松子。放入烤箱，用170℃烤約5分鐘，到其剛轉成棕色即可。從烤箱取出後，用金屬製圓模(pastry cutter)小心地，從牛軋糖圓盤中央，切割出一個更小的圓形。靜置冷卻。

4 將牛軋糖環放在做好的塔上，小心擺放，使其穩定地固定在餡料上。在中央缺口處，放上蘋果和洋梨片。熱食冷食皆可。

名稱逸趣 What's in a Name？

雖然必要時，幾乎所有品種的蘋果和洋梨，都可用來烹飪，但還是有些品種，特別多汁美味，如果要準備特殊的一餐時，應該值得特別花時間來尋找。甜點蘋果(dessert apples)通常較小，果皮顏色較黑、不均勻，有一種特別強烈的香氣。這些品種包括：詹姆斯(James Grieve)、史達金(Starking)、史特莫美味(Sturmer Pippin)、橙色美味(Cox's Orange Pippin)、拜漢橙色(Bienheim Orange)、盧色(Russet)。甜點洋梨(dessert pears)的品種較少，如威廉(Williams)、康弗士(Conference)、康敏士(Comice)都是不錯的選擇。

法式脆餅和脆餅 SABLE & SHORTCAKE

嚴格來說，它們並不算糕點(pastry)，但的確需要製作糕點的技巧。
脆餅是經典的起司蛋糕的底層，較硬的油酥餅乾(Pâte Sablé)卻比脆餅還軟，
可用來製作塔和餡餅。

製作經典脆餅 MAKING CLASSIC SHORTCAKE

在英國，柔軟濃郁、酥脆的脆餅，總是以打發鮮奶油和草莓作為內餡。

1 製作脆餅(請見123頁)，然後將它切成上下兩層。將上層切出6片三角形，並沾上大量的糖粉。

2 將下層的脆餅，抹上香堤伊奶油醬(Crème Chantilly)，再放上300g的草莓和藍莓。然後上層的脆餅舖在上面，如圖所示。

組合法式脆餅塔 ASSEMBLING SABLE CIRCLES

製作一份油酥餅乾(Pâte Sablé)(請見122頁)，在低筋麵粉中加入1小匙的肉桂粉。將麵糰擀平，約成2～3mm的厚度，然後切出24個直徑8cm的圓形。放在抹好油的烤盤上，用170℃烤約15分鐘，直到變淡金色。然後放在網架上冷卻。

1 取出8片烤好的餅乾，擺上水果；這裡示範的是，260g稍微水波煮過的杏桃。

搭配薰衣草糖漿上桌。

2 另外8片，則擠上玫瑰花形的杏仁奶油醬(請見49頁)，或香堤伊奶油醬(Crème Chantilly)(請見116頁)。

3 將黑、白巧克力(各50g)，混合成大理石花紋(marble)，然後沿著餅乾外圍，切割出圓形，用融化的巧克力，將它黏在餅乾上。然後組合成三層餅乾塔。

起酥皮甜點 PUFF PASTRY DESSERTS

起酥皮的魅力，即在於它蓬鬆，多層次的酥脆派皮。
它的用途很廣，可做成不同種類的甜點─可組合成不同大小，
精緻或簡單，熱食或冷食。

製作千層派 MAKING MILLEFEUILLE

這是一種簡單的起酥皮甜點，薄薄的多層派組合成夾心，傳統的餡料是火腿和鮮奶油。這裡使用的是覆盆子果醬，和混合了高品質檸檬凝乳(lemon curd)的打發鮮奶油。千層派可以做成圓形，或用金屬模切割成圓形，然後組合在甜酥麵糰(Pâte Sucrée)底層上。將派皮做成矩形亦很常見，如這裡所示範。

1 製作一半份量的起酥皮(請見120頁)。然後擀平成如矩形烤盤的大小，在上面刺滿細孔，然後冷藏至少40分鐘。

2 放入烤箱用220℃烤15～20分鐘，直到麵皮膨脹呈金黃色。放在網架上冷卻，然後切成四等份。用蛋糕模板(card template)來修剪不整齊的邊緣，以求美觀。

3 打發150ml的鮮奶油，到呈立體，然後與200g的檸檬凝乳混合均勻。將其裝入擠花袋中，在一片烤好的千層派上，擠成玫瑰花形，並在之間放上220g的覆盆子。第二片千層派，亦照此步驟製作，第三片則抹上大量的覆盆子果醬。

4 最後一片千層派則篩上充份的糖粉。用滾燙的金屬籤(metal skewer)在上面做出圖案。現在可以將千層派組合起來了(如右圖所示)。

用覆盆子和糖漬檸檬皮，來裝飾千層派的表面。

棕櫚酥捲 ROLLING PALMIERS

這種螺旋狀的酥脆小甜點，可以用起酥皮，簡單地製作出來。可以搭配冰淇淋或水果甜點做裝飾，也可舖在一盤甜點的底部。

1 製作一半份量的起酥皮(請見120頁)，然後擀成30x15cm的大小。撒上細砂糖。將麵皮的兩端向中間摺。然後擀平成24×24cm的大小，再修剪多餘部份。

2 刷上融化的奶油。將兩端同時向中間摺，使彼此相接而不重疊。然後再刷上一次奶油，然後對摺成長條形。

3 將麵皮橫切成寬1cm的細條。應該足夠切成16份。然後放在抹好油的烤盤上。

棕櫚餐包搭配冰淇淋和水波煮杏桃
PALMIERS WITH ICE CREAM AND POACHED APRICOTS

使用香草冰淇淋(請見36頁)，或自行製作簡單的優格冰淇淋：使用425g的原味優格、80g的糖粉、5大匙的鮮奶油、1大匙的蜂蜜，混合、冷凍、攪拌。先將冰淇淋一球球舀好，然後冷凍。將棕櫚酥捲和冰淇淋在盤子上，擺放組合好，搭配水波煮杏桃(請見14頁)，和覆盆子庫利(請見113頁)。用薄荷葉裝飾。

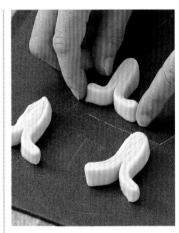

4 將細條麵皮的尾端向外打開，然後用200℃烤10分鐘。接著翻面再烤10分鐘。然後放在網架上冷卻。

棕櫚酥捲的夾心內餡 FILLINGS FOR PALMIER PAIRS

- 打發鮮奶油，用整顆覆盆子或草莓切片裝飾。
- 在餐包上篩上一點肉桂粉和糖，搭配爐烤過的(grilled)
- 鳳梨塊，和法式濃鮮奶油(crème fraîche)上桌。
- 黑莓和洋梨片，在紅酒糖漿裡水波煮過，搭配希臘式優格。

製作半圓形餡餅 MAKING TURNOVERS

半圓形餡餅，是美味的水果和派皮的組合。使用口味豐富的內餡，如這裡示範是以肉桂調味的蘋果泥。派皮的部分，擀平320g的起酥皮(約2/3的份量)，用鋸齒形圓模，切出6個直徑8又1/2cm的圓形派皮。

1 將圓形派皮擀成橢圓形。

2 在派皮邊緣刷上蛋水，將內餡放在橢圓形的一端中央。從另一端將派皮對摺，然後壓緊邊緣封好。

3 將餡餅放在抹好油的烤盤上，再刷上蛋水。

半圓形餡餅的內餡 FILLINGS FOR TURNOVERS

- 果泥(purées)(請見113頁)應先慢滾到濃稠而具風味，不可含太多水份。果泥煮到濃縮後，就要加糖調味。
- 水果如洋梨水波、杏桃(新鮮或乾燥皆可，切成對半)、洋李乾、桃子，先水波煮一會兒，再切細，使其能包入餡餅中。
- 將100g的杏仁粉，和50g的糖粉混合。加入一點櫻桃白蘭地(kirsch)，可以和即食乾燥水果如杏桃、芒果、鳳梨、洋李乾，一起做成內餡。

製作千層酥 MAKING FEUILLETES

這種鑽石形的麵皮，可以盛裝奶油和水果餡料，即成簡單的甜點。

1 依照本頁上方，製作半圓形餡餅的方式，將麵糰擀平，再切成方形。將方形以對角線對摺，成為三角形。從距離摺邊1cm的地方，開始沿著開口邊切，最後也要留下1cm不要切斷，讓切開的部分還連接在麵皮上。

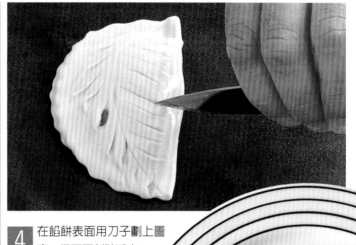

4 在餡餅表面用刀子劃上圖案，但不要刺破派皮。撒上細砂糖，用220℃烤10分鐘，再用190℃烤10～15分鐘。烤好後，撒上糖，搭配英式奶油醬(Crème Anglaise)熱食上桌，或放在網架上冷卻，再搭配冰淇淋，和水波煮水果上桌。

2 攤開麵皮，在內部的方形邊緣塗抹上蛋水。將兩側的長條拉起，交叉，上下交疊，往對角方向拉，讓尖端黏貼在塗抹了蛋水的對角上。依照製作水果餡餅的方式來烘烤。

製作百頁餡餅 MAKING JALOUSIE

百頁餡餅,是一種表面有如石板起伏的餡餅,通常用聖誕餡餅內餡(mincemeat)、果醬、果泥或水波煮水果、或加了蛋和利口酒的甜杏仁糊做內餡。利用以下的技巧,可以做出不同大小的百頁餡餅,任君選擇。這裡使用了一半份量的起酥皮(請見120頁)。

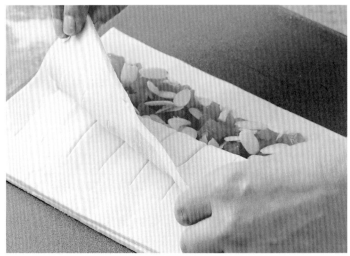

1 將麵糰擀平,切割下2片30x15cm的麵皮。將其中一片縱向對摺成長條狀。然後用刀子橫向劃切,但不要劃到朝外的邊緣部份。

2 在另一片麵皮上,抹上杏桃果醬、浸過白蘭地的乾燥杏桃、和杏仁片,邊緣留1cm不要抹到。然後在邊緣刷上蛋水。

3 將第一片有劃記的麵皮,蓋上抹好果醬的麵皮一端,再打開來完全覆蓋上去,將邊緣封好,刷上蛋水,用220℃烤10分鐘,再用190℃烤10〜15分鐘。烤好後,趁熱在表面薄刷一層杏桃果膠(Apricot Nappage),上桌,也可冷卻後再食用。

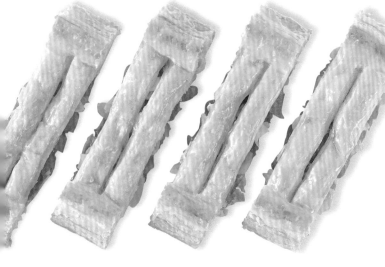

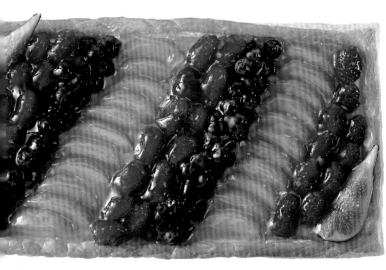

製作薄片 A TRANCHE

「tranche」,是取自於法文的「薄片」之意。這種長方形的起酥皮容器,可以鮮奶油和新鮮或水波煮水果做內餡,如這裡示範的新鮮無花果、覆盆子、藍莓、杏桃。水果上再刷上果膠,如這裡示範的杏桃果膠(Apricot Nappage)(請見113頁)。

1 製作一半份量的起酥皮(請見120頁),擀成15cm×30cm的長方形。從周圍1.5cm處,切割出另一個長方形,把它擀成15cm X 30cm,然後放在烤盤上。

2 在周圍刷上刷蛋水,蓋上長方形框的麵皮,貼好。用刀子在框上斜劃,然後刷上蛋水。下方的麵皮則在中央刺上細孔。以220℃,烤10分鐘。然後,再以190℃,烤10〜15分鐘,再填餡。

果餡捲餅和薄片酥皮
STRUDEL & FILO PASTRIES

果餡捲餅和薄片酥皮，是奧地利有名的甜點，是用如紙片般薄的麵皮，層層捲疊起來再烘烤。
要注意保持濕潤，如果麵皮太乾燥就會破裂。

製作果餡捲餅 MAKING STRUDEL

麵皮的部份，將300g的高筋麵粉
(strong plain white flour)，和1小
匙的鹽，一起過篩。將40ml的蔬菜
油和200 ml的溫水混合。

1 麵粉與鹽過篩後，加入油
與水，混合成糰。揉和到
表面變平滑。用抓起，再扣打
的方式，使其有延展性。用濕
布覆蓋，靜置在陰涼處鬆弛2小
時。在撒了手粉的工作檯上，
將麵皮延展成薄麵片。蓋上濕
布巾，靜置至少15分鐘。

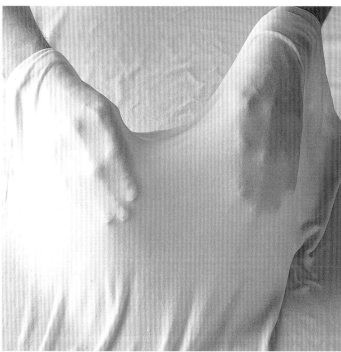

2 在沾了手粉的白布上，將
麵皮延展成大長方形。進
行時，用沾了手粉的手背，從
麵皮的中央往外撐開，直到延
展成極薄的長方形，可以透視
到手的薄度為止。

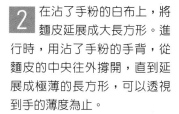

3 刷上**75g**的融化奶油。然
後加上餡料。再用白布輔
助，從較長的一側開始，將麵
皮和餡料同時捲起，施力要平
均。移到刷過奶油的烤盤上，
以**190℃**，烤30～40分鐘。

果餡捲餅的內餡
STRUDEL FILLINGS

■ 蘋果 Apple
將500g的烹飪用蘋果(去皮、
去核、切塊)，和75g的融化
無鹽奶油一起加熱。稍微冷
卻後，加入150g的黑糖(brown
sugar)、100g的葡萄乾、
100g的核桃(切碎並烘烤過)、
1小匙的肉桂粉、和50g的
蛋糕粉(cake crumbs)，混合
均勻。

■ 櫻桃 Cherry
將500g的櫻桃、100g的切碎
核桃、150g的黑糖、50g的
蛋糕粉、1顆磨碎的檸檬皮、
1小匙的肉桂粉，一起混合
均勻。

小型薄片酥皮 LITTLE FILO PASTRIES

像紙般薄的薄片酥皮，可用來包裹甜味餡料，如甜而辛香的乾燥椰棗，或很甜的堅果糊。亦可使用微甜的杏仁糊，或切碎的新鮮(乾燥、水波煮均可)水果。磨碎的巧克力，加上榛果粒，再用白蘭地調味成糊，亦很美味。酥皮整型完成後，刷上融化奶油，以180℃，烤約30分鐘。然後放在網架上冷卻。

雪茄 CIGAR

將融化奶油，刷在8cm寬的長條狀薄片酥皮上。把1小匙餡料舀到其中一端的中央。將較長的兩側邊緣摺起來，讓邊緣變整齊。捲成雪茄的形狀，一邊捲一邊刷上奶油。

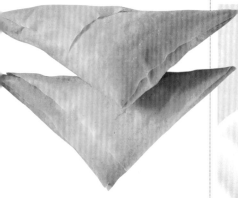

三角形 TRIANGLE

將融化奶油，刷在8cm寬的長條狀薄片酥皮上。把1小匙餡料舀到其中一端的一角。將另一角斜向摺疊起來，覆蓋住餡料，做成三角形。沿著酥皮較長的一邊，重複同樣的作業，摺疊到另一側上，然後刷上奶油。

拔克拉弗薄片酥皮疊層 LAYERING FILO IN BAKLAVA

拔克拉弗(baklava)是一種傳統的中東甜餡，和堅果粒、蜂蜜或糖漿混合，放在薄片酥皮間做夾心。在內餡裡加入核桃或開心果，再撒上肉桂粉。

2 撒上堅果粒和肉桂粉，然後再蓋上兩層薄片酥皮，中間一樣有內餡夾心。最後再蓋上三層薄片酥皮，每一塊都要先刷滿融化奶油。

1 製作450g的薄片酥皮，並融化100g的奶油。將1層薄片酥皮，鋪在已塗抹了奶油的耐熱盤底。刷上融化奶油，然後放上另一層薄片酥皮。將餡料放進去後，繼續疊層。

3 用銳利的刀子，先在表層上劃切鑽石形狀再烤，用170℃，烤1又1/4小時，直到呈金黃色。同時開始製作淡度糖漿(請見108頁)。在糖漿裡加入100g的澄清蜂蜜(clear honey)攪拌，當薄片酥皮從烤箱取出時，就立即趁熱澆上蜂蜜糖漿，然後靜置冷卻。

薄片酥皮水果派
FILO FRUIT PIES

薄片酥皮,是取代油酥麵糰的低脂選擇,很適合用來製作夾內餡的塔和水果派。使用如餡餅模(flan dish),或烤塔盤(tart plate)等淺盤,不要用深盤子。新鮮水果,或水波煮水果都可使用,這裡使用的是杏桃。像果餡捲餅麵糰一樣,薄片酥皮的麵皮,如果不用濕布蓋好,很容易變乾,變得無法使用。所以麵皮做好,如果不馬上使用,一定要用保鮮膜包好。一定要在乾燥,撒過手粉的工作台上,製作麵糰,因為一點潮濕,都會使麵糰沾黏,變得容易破裂。刷上融化的無鹽奶油,可以防止破裂,亦可使酥皮酥脆、使各夾層緊貼固定、並豐富糕點的滋味。

使用薄片酥皮製作的大黃和草莓派,多汁潤澤。杏仁派則可切塊食用。

1 將23cm的餡餅模抹上奶油,舖上薄片酥皮,要有一些多餘的部份垂到模型邊緣之外。一次使用好幾層薄片酥皮,但每層都要刷上奶油。

2 將內餡放在薄片酥皮上。這裡使用的是450g切成對半的水波煮杏桃。

製作裝飾用的緞帶薄片酥皮 MAKING A SHREDDED FILO TOPPING

緞帶狀的薄片酥皮可作為水果派的表面裝飾,功能也像水果派的外皮(crust)一樣。輕盈的薄片酥皮,正適合搭配柔軟的水果內餡。

1 在餡餅模裡舖上2層薄片酥皮,並刷上奶油。裝入內餡後,將多餘垂在模型外的酥皮摺到水果上方。然後刷上奶油。

2 將數層薄片酥皮麵糰擀平,然後切成1cm的長條狀,然後抖開成緞帶狀,加在水果派上。刷上少許奶油,然後用180℃烤約35分鐘,到呈金黃色。

3 在水果上,再蓋上一層薄片酥皮,然後刷上奶油。將垂在模型外的酥皮,往上摺,然後刷上奶油。用180℃烤約40分鐘。

泡芙麵糊 CHOUX PASTE

泡芙常被歸為糕點類，但它其實只是擠出來的柔軟麵糊。
烘烤後變得酥脆輕盈，內層還帶點濕潤的空心容器。
它是最容易製作的「糕點」之一。

小圓泡芙
CHOU BUNS

小圓泡芙非常適合用來盛裝鮮奶油
或巧克力內餡。將擠花袋裝上大型
圓形擠花嘴，然後將小球形泡芙麵
糊，擠在抹好油的烤盤上烘烤。

1 將麵糊(請見124頁)以小球
狀擠出。擠的時候，一邊
將擠花嘴向下壓，可以避免擠好
的麵糊頂端形成突起。各球之間
的距離要大，使其有足夠膨脹空
間，如果要製作較大型的泡芙，
間距也要按比例增加。

2 如果擠好的泡芙頂端有突
起，可用用沾上刷蛋水的
叉子，稍微將頂端壓平，讓上
面變成圓形。在每個小圓糰
上，刷上一點蛋液。以200℃，
烤約10分鐘，再以180℃，烤約
5～10分鐘，如果是較大型的泡
芙，則烤15分鐘。

3 如果您不確定泡芙是否烤
好了，可先戳破一個檢查
內部是否烤熟了。烤好後就放
在網架上冷卻。

4 冷卻好後，從下面打洞，
用大型圓形擠花嘴，把鮮
奶油擠入。

水果切成薄片，以鮮奶油為底，放在小圓泡芙上。再放上格狀焦糖做裝飾。也可使用
刷上果膠的水果，一樣放在鋪滿鮮奶油的小圓泡芙上。或者使用咖啡慕斯夾心，搭配
焦糖表面餡料。

手指泡芙
CHOUX FINGERS

也稱作閃電泡芙(éclairs)，內餡和表面餡料，都是由巧克力做成的。當然也可使用不同的餡料。

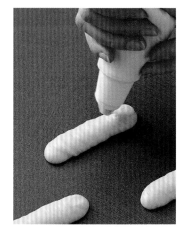

1 使用圓形擠花嘴，將泡芙麵糊擠在烤盤上，成大小一致的長條狀。

2 按照製作小圓泡芙的方式(請見上一頁)，來烘烤。然後切成兩半，擠上內餡一如調味過的慕斯，這裡示範的是咖啡口味。

泡芙的內餡變化
FILLINGS FOR CHOUX

■ 打發鮮奶油、香堤伊奶油醬(Crème Chantilly)(請見116頁)，或帕堤西耶奶油醬(crème pâtissière)(請見116頁)。

■ 慕斯、巧克力、或水果，調配成可作為擠花的質地。

■ 新鮮或水波煮水果，加上打發鮮奶油混合。

■ 咖啡、巧克力、或以利口酒調味的鮮奶油。

表面餡料和沾醬
TOPPINGS AND SAUCES

■ 糖粉、焦糖、融化的巧克力、或糖衣霜飾(glacé icing)。

■ 巧克力、奶油糖漿(butterscotch sauce)、或英式奶油醬(Crème Anglaise)。

■ 水果庫利(coulis)，或調味過的糖漿，如香草或香蜂草(lemon balm)。

泡芙環
CHOUX RINGS

泡芙環可以做成各種大小，使用圓形，或鋸齒狀擠花嘴皆可。可以簡單地在中間放上冰淇淋，或搭配水果和鮮奶油，做成較豐富的組合。

1 將圓形金屬切割模，沾上麵粉，然後蓋在烤盤上，標記出想製作的泡芙環尺寸。

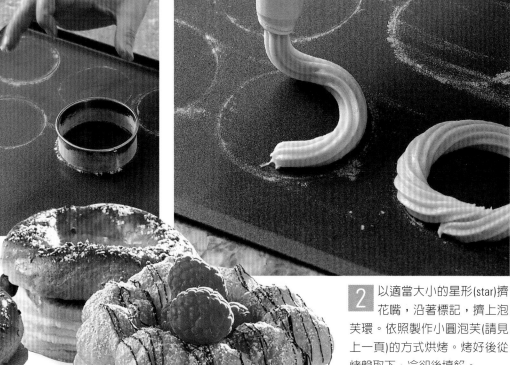

2 以適當大小的星形(star)擠花嘴，沿著標記，擠上泡芙環。依照製作小圓泡芙(請見上一頁)的方式烘烤。烤好後從烤盤取下，冷卻後填餡。

用鮮奶油、奇異果切片、藍莓，製作泡芙環夾心內餡，亦可擠上玫瑰花形覆盆子慕斯，表面再淋上巧克力。

擠花裝飾
DECORATIVE PIPED SHAPES

將泡芙麵糊擠花裝飾時,要留出足夠的間距,使其在烘烤時能夠膨脹。可依喜好在表面撒上堅果粒,再烘烤。這種泡芙,可作為甜點的底座或表面餡料,因此不填內餡,但可篩上糖粉。

螺旋狀 SPIRALS
在烤盤紙上,清楚地畫出直徑15cm的圓形,做為標記。將烤盤紙翻面,從圓形的中央,開始擠花到外圍。

泡芙夾心做好後,上面可以再加上擠花鮮奶油、焦糖(請見109頁)、糖衣(請見112頁)、或融化巧克力(請見198頁)。冷卻後的水波煮鳳梨塊、藍莓、百香果籽、香草冰淇淋,可以做為格子窗泡芙的內餡。

巴黎車輪餅 PARIS-BREST

這是一種大型的泡芙環甜點,內餡是帕堤西耶奶油醬(crème pâtissière)(請見116頁),或打發鮮奶油。它是由一位廚師所設計,用來模仿自行車的輪子,因為年度自行車大賽,從巴黎到布瑞斯(Brest)的路線,就經過他的店門口。

格子窗狀 LATTICE SQUARES
擠出麵糊,形成12～15cm的格子窗狀。刷上蛋汁,用200℃烤15分鐘。放在網架上冷卻,然後搭配冰淇淋,和水波煮水果上桌。

天鵝泡芙 CHOUX SWANS

這些精緻的天鵝泡芙，是以香堤伊奶油醬(crème Chantilly，參照第116頁)，和水果做內餡。可以將1隻或1對天鵝，放在水果醬汁做成的「池塘」裡。

1 使用大型的星形(star)擠花嘴，在抹好奶油的烤盤紙上，擠上6cm長的水滴狀麵糊，這樣就可做出一隻天鵝。刷上蛋水(egg wash)，用200°C烤15～20分鐘。

2 在紙製擠花錐(請見198頁)裡，裝進泡芙麵糊，尖端剪一小孔。在抹好奶油的烤盤紙上，擠出數字「2」的形狀。在「2」的尖端處，擠上更多麵糊，做出天鵝的頭和嘴部。用200°C烤到呈黃褐色。

3 水滴狀麵糊烤好後，用鋒利的刀縱切對半。將其中一半再對切，做成翅膀。

4 用大型星形擠花嘴，在完整的那一半泡芙上，擠入香堤伊奶油醬，然後將翅膀黏上，翅膀的尖端向上方揚起。在天鵝的身體裡，再裝進一點水果，然後篩上糖粉。

5 在紙擠花錐裡，裝入融化的巧克力，然後一手握住烤好的天鵝脖子，一手在頭部擠上嘴巴和眼睛。將脖子黏在天鵝身體上，面向翅膀所指的反方向。

聖托諾雷 SAINT HONORE

這道甜點是以甜酥麵糰為底座，加上泡芙麵糊的餡料。它的名稱有兩個可能的典故：這道甜點運用了不同的糕點變化，因此以糕點師傅守護聖人—聖托諾雷為名；或者也可能來自於糕點師傅Chibouste(吉布斯特奶油醬即以他為名)，他著名的糕點店即是位於巴黎的聖托諾雷路(Rue Saint-Honoré)。

聖托諾雷 SAINT HONORE

甜酥麵糰(pâte sucrée) 1份
(請見122頁)
泡芙麵糊 1/2份(請見124頁)
吉布斯特奶油醬
(Crème Chibouste) 1份
(請見116頁)
焦糖 1份(請見109頁)
蛋黃 1顆
水 1大匙

製作甜酥麵糰。擀平成20cm的圓形，放在烤盤上。刺滿細孔，然後冷藏30分鐘。

製作泡芙麵糊，然後以粗螺旋狀，擠在甜酥麵糰底座上。刷上蛋黃和水製成的蛋水，用200℃烤25～30分鐘。

在另一個烤盤上，擠上小圓泡芙(small choux buns)，先用220℃烤10分鐘，再用180℃烤5～10分鐘。從烤箱取出後，放在網架上冷卻，先不要將泡芙取下，以免撕破。

製作吉布斯特奶油醬。小圓泡芙冷卻後，在底部戳一細孔，擠入吉布斯特奶油醬。

製作焦糖。將裝好奶油醬的小圓泡芙，沾上焦糖，然後放在上過油的工作台上凝固。

將擠花袋裝上聖托諾雷擠花嘴(請見下一頁)，然後裝入吉布斯特奶油醬。在烤好的麵皮底座上，擠上約1/3奶油醬，然後用湯匙背面抹平。接著再擠上交叉形(criss-cross)的圖案。

必要的話，用小火再度加熱焦糖。將小圓泡芙的底部蘸些焦糖，然後黏在麵皮底座四周。最後再放上棉花糖球(spun sugar ball)(請見209頁)做裝飾。

製作聖托諾雷 MAKING SAINT HONORE

聖托諾雷的各部份，都可事先分開準備，做好再組合，但焦糖最好是現做現用。必要的話，進行交叉狀的擠花裝飾前，可以先在旁邊練習。

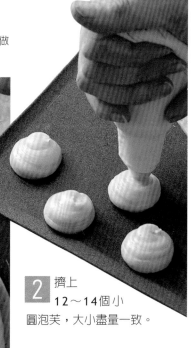

聖托諾雷的口味變化
VARYING THE SAINT HONORE

將新鮮水果粒，如芒果、鳳梨、香蕉、奇異果，和打發鮮奶油混合，來取代吉布斯特奶油醬。將小圓泡芙沾上融化巧克力，而不用焦糖，放在底座四周黏好後，再澆上融化巧克力，或巧克力霜飾(Chocolate Icing)(請見112頁)。

2 擠上 12～14個小圓泡芙，大小盡量一致。

設備
EQUIPMENT

聖托諾雷擠花嘴，可以買得到塑膠或不鏽鋼做的。它的特徵是頂端傾斜，開口逐漸變細。因此可以做出羽毛般的形狀，尖端細窄，而底部粗寬。

1 甜酥麵糰上的螺旋泡芙，在烘烤中會膨脹，填滿空隙處。這樣就不需使用太多吉布斯特奶油醬來填餡，可以降低蛋糕熱量。

3 填餡後，將小圓泡芙的頂部沾上焦糖。小心不要破壞泡芙的形狀，或將奶油醬擠出來。

4 頗具特色的交叉狀的擠花裝飾，可能要花點時間熟練。將花嘴的細窄那端，稍微向上抬，施加在擠花袋的力道要穩定一致。

5 將小圓泡芙第二次沾上焦糖，泡芙便可黏上麵皮底座，也封住了底部的細孔，使奶油醬不會溢出，也形成一層甜而脆的糖衣。

泡芙麵糊和油酥餅乾底座 CHOUX AND SABLE CASE

泡芙麵糊可以和其他種類的麵皮一起使用。例如油酥餅乾作為底座時,可以在四周擠上一圈泡芙麵糊,在烘烤過程中,就會膨脹。因此中央可以用來填裝內餡,也提供和油酥餅乾不同的口感。

1 切割出適當形狀的油酥餅乾,如心形、橢圓形、菱形、花形,放在烤盤上。用叉子刺滿細孔,然後冷藏30分鐘。

2 沿著麵皮四周,擠上一圈泡芙麵糊,必要時,可在轉角處加上一點星形擠花,加以強調。刷上蛋汁,以200℃烤約20分鐘。放在網架上冷卻。

3 用自選的餡料,來填充烤好的麵皮中央。這裡使用的是吉布斯特奶油醬(請見116頁),搭配新鮮的整顆覆盆子,和奇異果切片。

香堤伊奶油醬(crème Chantilly),加上磨碎的黑巧克力,正好搭配塗上杏桃果膠的橙肉(上)。原味泡芙的中央,可以填充香堤伊奶油醬,和塗上果膠的水果(最右)。亦可製作一份的水果形狀。用水波煮水果填充(這裡用的是水波煮洋梨和蘋果),再用水果切片,或格子狀焦糖裝飾(中下和左下)。

邊緣形狀的變化 VARYING EDGES

泡芙麵糊所做成的邊界,不一定總是要簡單的連續線條。這種星形擠花膨脹後,亦能創造出中央餡料所需的空間,又具有裝飾效果。您可用不同的擠花嘴實驗,創造出不同的視覺效果。

油炸泡芙 DEEP-FRIED CHOUX

泡芙麵糊可做成美味的餡餅(fritters)或多拿滋(beignets)。油炸泡芙應現做現吃，搭配一點水果庫利(coulis)、調味過的糖漿、或滾上細砂糖。

1 將泡芙麵糊，用磨碎的橙皮或檸檬皮調味，然後加入醋栗(currants)和/或糖漬水果攪拌。

2 將蔬菜油加熱到適合油炸的190℃。用2根沾過油的湯匙，將如核桃大小的麵糊，推入油內。

3 油炸直到泡芙膨脹起來，變的酥脆成金黃色。然後用溝槽鍋匙(slotted spoon)撈起，放在廚房紙巾上瀝乾。滾上混了一點肉桂粉的細砂糖，立即上菜。

泡芙冰淇淋餡餅 CHOUX ICE CREAM FRITTERS

泡芙冰淇淋餡餅，具有冷熱對比的迷人滋味，成功的關鍵在油炸的速度要快。將小圓泡芙填入冰淇淋，然後冷凍，再沾上麵糊(batter)後迅速在蔬菜油裡油炸。

將小圓泡芙冷藏一會兒，然後填入水果或柑橘口味冰淇淋，然後冷凍數小時。接著製作基本餡餅麵糊(fritter batter)(請見125頁)，然後將蔬菜油加熱到適合油炸的190℃。將餡餅裹上薄薄的一層麵糊，然後在蔬菜油裡油炸數秒鐘。撒上細砂糖，搭配水果庫利或楓糖，立即上桌。

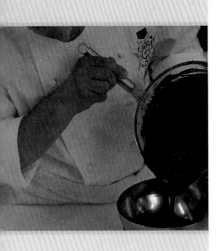

巧克力馬卡亞德蛋糕
Chocolate Macarannade

這是一道現代甜點，卻包含了許多古典元素。加了蛋白和糖的杏仁糊，
具有杏仁蛋白餅(macaroon)的口感，用來組成鳥巢狀的蛋糕主體。
然後中間放上圓頂狀的巧克力鮮奶油，
包圍的內圈，則是由帕林內香堤伊奶油醬做成。

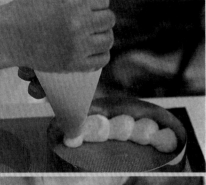

製作馬卡亞德蛋糕 For the Macarannade

糖粉 75g，另外留一點裝飾用
杏仁粉 60g
低筋麵粉 40g
蛋白 3顆
糖粉 75g
• • •

製作巧克力奶油醬 For the chocolate cream

巧克力 200g
打發用鮮奶油 460ml
• • •

製作巧克力膠汁 For the chocolate glaze

巧克力 250g
打發用鮮奶油 300ml
細砂糖 50g
奶油 50g
• • •

製作帕林內香堤伊奶油醬
For the praline Chantilly

打發用鮮奶油 230ml
帕林內 35g
• • •

烤杏仁片，裝飾用

1 首先製作蛋糕麵糊：將糖粉、杏仁粉、麵粉，一起過篩到碗中。在另一個碗內，打發蛋白呈立體，然後加入糖，繼續攪拌直到質地光滑。然後加入過篩好的乾燥材料混合均勻，注意不要打出太多空氣。

2 使用圓形擠花嘴，將麵糊，擠到18cm的圓形蛋糕模中。先沿著底部邊緣，以重疊的方式，擠上一圈大球狀麵糊。然後從底部的中央，以螺旋狀的方式，擠出圓盤狀，直到與外圈的球狀麵糊連結。

在上面篩滿糖粉，用180℃烤25分鐘。烤好後，用刀尖將邊緣鬆開，脫模，放在網架上冷卻。用鋒利的刀，來將邊緣修齊。

3 在烘烤獼猴蛋糕時，來製作巧克力奶油醬。將巧克力切塊，放入平底深鍋內。用小火融化，然後加入115ml的鮮奶油攪拌。升高溫度使其沸騰，同時用攪拌器不斷攪拌，使其質地滑順。然後離火，冷卻，將剩下的鮮奶油稍微攪拌，然後加入混合均勻。倒入半圓形的模型中，待其凝固定型。

4 接著製作巧克力膠汁：將巧克力切塊，倒入碗中。將鮮奶油和糖，一起放入平底深鍋中，用小火加熱，然後倒在巧克力上，當巧克力開始融化，慢慢加入奶油攪拌，直到所有的巧克力都融化，並且質地均勻。靜置一旁待其冷卻。

5 小心地將巧克力奶油醬，從半圓形模型中脫模，放在網架上冷卻，圓頂朝上。網架下方放一個盤子，以盛接待兒滴下的膠汁。將巧克力膠汁，淋在巧克力圓頂上，當圓頂完全裹上膠汁時，將網架抬起一點，然後敲一下工作檯或下方的盤子，可讓膠汁穩定。靜置一旁備用。

6 最後製作帕林內香堤伊奶油醬：將帕林內放入攪拌機，攪成粉末。攪拌數次，使粉末大小均勻。打發鮮奶油到呈濃稠狀。加入帕林內粉，繼續攪拌，直到呈立體。

7 組合巧克力馬卡亞德蛋糕。將上好膠汁的巧克力圓頂，放在冷卻好的馬卡亞德蛋糕，底座上方正中央。用圓型擠花嘴，在巧克力圓頂，和馬卡亞德蛋糕邊緣之間，擠上小球狀帕林內香堤伊奶油醬。在圓頂上用烤杏仁片裝飾。

水果餃子 FRUIT DUMPLINGS

使用油酥麵糰(Pâte Brisée)(請見122頁),來製作
這些誘人的水果餃子(1份麵糰可製作4個餃
子)。將您想要的水果去核、切成對
半,做成內餡。這裡示範的是,裝
入瑪斯棒(marzipan)的油桃。若使
用會變色的水果,如蘋果,要先刷
上檸檬汁。

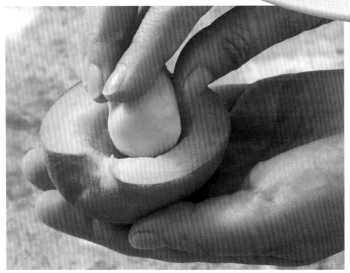

1 油桃切半後,在空心處裝入一塊瑪斯棒,將它向下壓緊。

2 切下直徑7cm的英式油酥
麵糰。用它來包上油桃的
平坦面,將麵皮周圍在水果上
壓緊。然後刷上蛋汁。

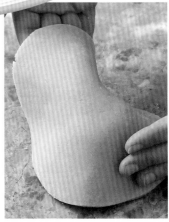

3 再切下大一點的麵皮,來
覆蓋水果。將它蓋在水果
上,和底部的麵皮黏緊壓實,
不要重疊包圍水果。

4 修除多餘的麵皮。用葉形麵皮(pastry leaves)裝飾,刷上蛋汁。
用190℃烤約40分鐘,直到呈金黃色。撒上細砂糖。

其他可使用的水果 ALTERNATIVE FRUIT

水果餃子,可以用新鮮
水果、水波煮水果、瓶
裝或罐頭水果。可嘗試
下列:
- 瓶裝的白蘭地糖漿桃子。
- 稍微水波煮過的洋梨。
- 蘋果切半、去核,填裝入黑糖
  (brown sugar)、肉桂粉、葡
  萄乾、桑塔那葡萄乾、
  杏桃塊。
- 木瓜切半、去籽,填裝
  入浸過蘭姆酒的桑塔那
  葡萄乾。平坦的那面要
  朝下,先包好麵皮。

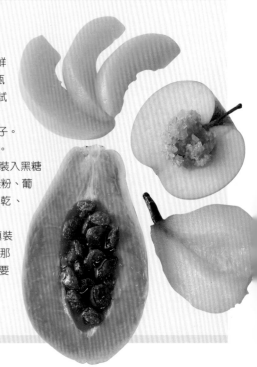

穀物
GRAINS

米製甜點 RICE DESSERTS

・

謝莫利那 SEMOLINA

米製甜點 RICE DESSERTS

用米粒來製作鮮奶布丁這類甜點，特別美味。

在牛奶裡烹煮時，米會吸取奶汁而膨脹，充滿綿密奶香的口感。

慢煮米布丁 SIMMERED RICE PUDDING

圓粒米或布丁米(pudding rice)，在慢煮時能吸取大量液體，適合製作口感綿密柔軟的布丁。

將100g的布丁米，放入平底深鍋中，加入600ml的鮮奶和香草莢。加熱到沸騰，同時不斷攪拌。然後轉成最小火，蓋上蓋子慢滾約40分鐘，中間仍不時攪拌，直到米粒變得濃稠綿密。取出香草莢丟棄，加入30～60g的細砂糖，依各人口味調整。這樣可以做出2～4人份。

米布丁的口味變化 FLAVOURING FOR RICE PUDDING

月桂葉 BAY LEAF

慢滾時，將1片大月桂葉揉碎，加入米中，可產生細緻、獨特的香草風味。

**玫瑰水或橙花水
ROSE OR ORANGE FLOWER WATER**

加入玫瑰水或橙花水，並用糖漬玫瑰花瓣來裝飾布丁。

肉桂 CINNAMON

在慢煮或烘烤米布丁裡，加入1根肉桂棒和1條橙皮。

薰衣草 LAVENDER

慢滾時，加入1小根的薰衣草，上菜時，布丁上可裝飾異國風情的玫瑰果醬(rose-petal jam or preserve)(可在東歐食品專賣店買到)。

**糖漬當歸果
CRYSTALLIZED ANGELICA**

在快煮好時，在米中加入切碎的糖漬當歸果。也可加入搭配的檸檬皮，和切碎的糖漬柑橘皮。

奶油米布丁 CREAMY SIMMERED RICE

想增加布丁的奶香，可以嘗試以下的方法。在加入鮮奶油前，請先確認煮好的布丁處於室溫之中。

倒入鮮奶油 POURING IN CREAM
布丁煮好上桌前，倒入150ml的濃縮鮮奶油。這樣可以略微稀釋稠度，增加布丁的口感和風味。

加入打發鮮奶油混合 FOLDING IN WHIPPED CREAM
打發濃縮鮮奶油到呈立體，然後加入煮好的布丁混合均勻，熱食冷食皆可。

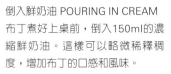

夏季杏仁酒康多 SUMMER AMARETTO CONDE

奶香濃郁的米布丁，配上水果，然後冷藏，就是康多(conde)。米布丁煮好後冷卻，加入打發鮮奶油，再冷藏。水果可以用水波煮、燉煮、用酒類醃製，或使用冷藏的新鮮水果，再用過濾並加熱過的杏桃果醬或紅醋栗果醬做淋醬。

1 用200ml的水，和50g的糖，製作糖漿。將6顆桃子去皮、去核、切片，然後放入糖漿水波煮到變軟。

2 將桃子舀起，放入碗中。將糖漿繼續煮到水份蒸發、變得濃縮，然後澆在水果上。待其冷卻後，加入350g的新鮮覆盆子，然後放入冷藏。

3 開始製作慢煮米布丁，然後使其冷卻到室溫。在300ml的濃縮鮮奶油中，加入4大匙的義大利杏仁酒(Amaretto)一起攪拌，再加入布丁中混合均勻。上菜時，將水果和米布丁，交錯層疊在280～300ml的玻璃杯或碗中。這樣可以做出6人份。

水果和米布丁，美麗地交錯層疊在聖代(sundae)杯中。表面的一層，使用米布丁，再用水果裝飾。

米布蕾 BUBBLING RICE BRULEE

用米來填充水果時，先將米粒慢煮(請見上一頁)，冷卻後，用湯匙舀入6個切半、去核的洋梨中。冷藏後，撒上糖，再使其焦糖化(桃子也很適合)。製作米布蕾時，先將煮好的米布丁，舀入4個120ml的耐熱皿中，然後冷藏20分鐘。灑上糖、焦糖化後，靜置冷卻，然後冷藏，讓表面焦糖變硬。

空心水波煮水果
HOLLOWED POACHED FRUIT
使用大型水果。去核、切成對半並切除底部，使其能夠穩定地放置在盤子上。將水果水波煮到變軟為止。挖掉一點果核周圍的果肉，使缺口變大。

焦糖化
CARAMELIZING
將耐熱皿或填充好的水果，放在烤爐(grill)下方，使表面的糖焦糖化。上菜前，先冷藏，或靜置冷卻，使焦糖變硬。

麗池蛋糕
Gâteaux de Riz

利用模型，加上焦糖和醋栗，
這道米製蛋糕，是法國的傳統甜點。
我們的主廚將古典賦上新意，以一人份的奶油酥餅為底座，
以草莓切片和橙皮絲做裝飾，再搭配杏桃和焦糖醬。

前置作業
PREPARATION PLAN
▶ 製作米布丁。
▶ 製作焦糖，然後塗上模型內層。
▶ 製作奶油酥餅(shortbread)
　麵糰，並冷藏。
▶ 烤箱預熱到170℃。

製作米布丁 For the rice
圓粒米 125g
鮮奶 1/2 litre
香草莢 1根
鹽 1小撮
橙皮絲
糖 100g
蛋黃 2顆
濃縮鮮奶油 50ml
醋栗(currants)或桑塔那葡萄乾(sultanas) 25g

∎ ∎ ∎

製作焦糖 For the caramel
糖 125g
水 50ml

∎ ∎ ∎

製作奶油酥餅 For the shortbread
低筋麵粉 250g
奶油 180g
蛋 1顆
鹽 1小撮
糖 125g
泡打粉(baking powder) 1小撮

∎ ∎ ∎

製作杏桃醬 For the apricot sauce
杏桃罐頭加糖水 125g
香草莢 1/2根
細砂糖 1小匙

∎ ∎ ∎

草莓 250g
橙皮絲

1 平底深鍋內，加入米和水，加熱到沸騰煮2分鐘。在另一個鍋裡，用小火加熱鮮奶、香草、鹽、和橙皮絲。然後加入煮好、瀝乾的米，加熱到沸騰。當米完全吸收鮮奶而膨脹後，加入糖，再度沸騰。然後離火，加入蛋黃和鮮奶油。加入葡萄乾，然後很快地攪拌一下。靜置一旁備用。

2 製作焦糖。將水和糖煮到淡金色，然後將1/4倒入奶油小圈餅模(dariole moulds)中，轉動一下，使糖漿均勻地裹上內層。用布巾來避免燙傷。將多餘的糖漿倒回鍋內。重複同樣的步驟，完成另外3個模型。

3 將做好的米布丁，裝入模型中，到1/4的高度。用隔水加熱(bain marie)，或放在裝滿5cm的水的烤盤(roasting tin)上，來烘烤。用170℃烤15分鐘。

4 同時來製作奶油酥餅。將奶油和麵粉摩擦混合，到呈砂粒狀。加入雞蛋、鹽、糖、泡打粉，揉搓成質地均勻的麵糰。然後冷藏至少半小時。

5 將麵糰從冰箱取出，擀成約1cm的厚度。切割出4個圓形，直徑比奶油小圈餅模的底部略大。將它們放在烤盤上，用170℃烤15分鐘。從烤箱取出，放在網架上冷卻。

6 將圓形酥餅放在乾淨、平坦的工作檯上，然後小心地將1個米蛋糕脫模。用抹刀將米蛋糕放在酥餅上。以這樣的方式，組合其餘的蛋糕和酥餅。將草莓縱切成薄片，裝飾在麗池蛋糕上。再用橙皮絲點綴。

7 製作杏桃醬。香草莢縱切成對半，取出種籽，用湯匙背面，和糖一起壓碎。將杏桃用果汁機，或食物處理機，攪拌成泥狀，然後加入香草籽和糖。加入適當的罐頭糖汁，來調整濃稠度。沿著盤子周圍，淋上醬汁，再淋上對比的焦糖。將完成的麗池蛋糕，放在醬汁圈的中央。如此將其餘的蛋糕盛盤完畢，即可上桌。

橙味米甜點 ZESTY RICE RESSERTS

若想替米布丁增加一點大膽的色彩,可用柑橘水果做容器,搭配加糖的烤橙片。這裡使用一份的慢煮米布丁(請見182頁),並加入1顆磨碎的檸檬/萊姆/橙皮。

水果填餡好後,以糖漬橙皮絲裝飾,既增加米布丁的輕爽度,又呼應果皮的色彩。1個橙杯,或2個萊姆/檸檬杯,大約是一人份。

準備與填入
PREPARING AND FILLING
挖除果肉,並切除底部,使其能穩定站立。布丁冷藏好後,加入225g的瑪斯卡邦(mascarpone)攪拌。用小湯匙舀入水果內填餡(這樣大約可以填滿8個橙杯、8～10個檸檬杯、或16個萊姆杯)。放入冷藏。

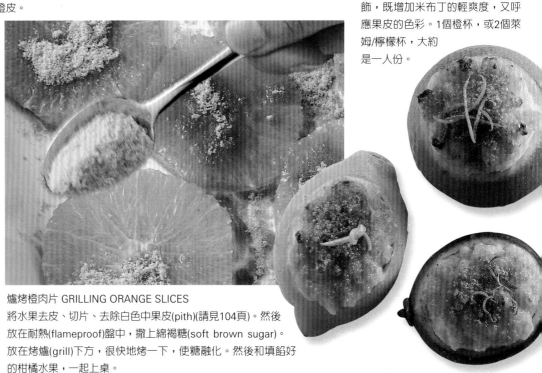

爐烤橙肉片 GRILLING ORANGE SLICES
將水果去皮、切片、去除白色中果皮(pith)(請見104頁)。然後放在耐熱(flameproof)盤中,撒上綿褐糖(soft brown sugar)。放在烤爐(grill)下方,很快地烤一下,使糖融化。然後和填餡好的柑橘水果,一起上桌。

異國風情米布丁 EXOTIC RICE PUDDING

去皮杏仁 75g
鮮奶 900ml
綠色小荳蔻 (green cardamoms) 6根
玫瑰水 1大匙
巴斯馬提米(basmati rice) 100g
無鹽奶油 50g
葡萄乾或桑塔那葡萄乾 50g
開心果 50g
番紅花1/4小匙
細砂糖 75g

將一半份量的杏仁,和鮮奶一起放入果汁機,打成泥狀。然後倒入平底深鍋中,再加入剩下的鮮奶。

撕開小荳蔻,取出黑色種籽,用研缽磨成粉末狀,加入杏仁奶中。再加入玫瑰水、巴斯馬提米、奶油。

將杏仁奶加熱到沸騰,攪拌一下,轉成小火。不蓋蓋子,慢滾約45分鐘。不時攪拌,以防黏鍋。加入葡萄乾或桑塔那葡萄乾,繼續煮20～30分鐘,直到布丁變得濃稠綿密。

同時,將剩下的杏仁切成薄片,稍微烘烤一下。將開心果去皮(請見107頁),切成薄片。將番紅花用研缽磨成粉末,溶解在2大匙的滾水中。

將番紅花汁和糖,放入布丁內攪拌,直到糖完全溶解。加入大部份的烤杏仁和開心果,然後靜置一旁冷卻。布丁上桌前,先冷藏一會兒,再灑上其餘的杏仁和開心果片。這樣可以做出6人份。

印度米布丁
INDIAN-STYLE RICE PUDDING

杏仁、玫瑰水、肉桂粉、巴斯馬提米(basmati rice),都賦予了這道甜點充滿濃郁香氣的特色。也可利用切碎的乾燥杏桃、芒果、或什錦水果,來取代葡萄乾,和桑塔那葡萄乾,可增加一點變化。

1 將材料用小火慢滾,不時攪拌,直到牛奶揮發,而米粒變得軟爛濃膩。使用大一點,而底部厚實的鍋子,使牛奶不會燒焦,也不會溢出鍋外。煮45分鐘後,再加入乾燥水果。

2 快煮好時,再加入糖攪拌。然後加入番紅花一如果太早加的話,會失去其風味。當布丁冷卻到室溫時,可依喜好加入打發濃縮鮮奶油混合均勻,然後撒上堅果片。

烘烤米布丁 BAKED RICE PUDDING

完美的烘烤米布丁，應該是充滿牛奶綿密的口感，表面有一層金黃色的脆皮。成功的秘訣在於，花時間慢慢烘烤。傳統的作法是，用極低溫的烤箱烘烤一整碗。

在耐熱烤盤裡，放入50g的布丁米，和600ml的鮮奶來烘烤。加入1根香草莢、1條檸檬皮、2大匙細砂糖攪拌。烘烤前，撒上荳蔻粉(nutmeg)，並放上30g的無鹽奶油。用150℃烘烤約2又1/2小時。烘烤1小時後，要攪拌一下，再烤1小時，再攪拌一次，這樣可以使烤出來的布丁軟熟均勻。烘烤的最後30分鐘，不要攪拌。

烘烤米布丁的口味變化 VARYING BAKED RICE PUDDING

- 如果想要使布丁更香濃，可使用300ml的鮮奶，加入300ml的鮮奶油。
- 如果想要使布丁更有味道，更濃郁，可加入1顆全蛋，或2顆蛋黃，和2大匙的鮮奶，或3大匙的鮮奶油一起攪拌，在烘烤的最後30分鐘時加入。
- 若要嘗試一點不同口味，可加入50g的桑塔那葡萄乾，或100g的即食乾燥杏桃或桃子碎塊。在烘烤的最後30分鐘前，做最後一次攪拌時，可撒上30g的杏仁。

使用辛香料調味的水果來烘烤米布丁 BAKED RICE WITH SPICED FRUIT

糖煮水果或水波煮水果(請見14～15頁)，是經典的米布丁配料，可以豐富口味，增加口感的層次。水果要熱的，放在布丁旁一起上菜。這裡用辛香調味的熱帶水果示範，具有現代感，並增加明亮色彩。

2 加入50g的糖、50g的糖漬薑片、2顆去皮的芒果片、和2顆去皮的番石榴(guava)片。用小火慢滾5分鐘。

1 在200ml的水裡，放入1顆削成細絲的萊姆皮，和6顆綠色小荳蔻(cardamom)，煮到變軟為止。

3 將水果撈起，糖漿繼續煮到濃縮變稠。再放回水果煮一下。然後即可將水果和糖漿，放在烤好的一人份布丁上，上菜。

椰奶米布丁搭配焦糖水果
COCONUT RICE WITH CARAMEL-COATED FRUIT

煮好的米布丁,可以裝入模型裡烘烤,然後做成蛋糕上菜。一個經典的例子是麗池蛋糕(請見184頁),米布丁就是先煮好,再裝入模型裡烘烤。也可加入乾燥或糖漬水果,然後將米裝入塗滿焦糖的模型裡。這裡示範的是,用椰奶來代替鮮奶,米布丁放在塗滿椰奶的模型裡—結果和傳統的米布丁大不相同。

1 將200g的布丁米,和1〜2 litre的椰奶共煮。在夏綠蒂模型(charlotte mould)的底部,鋪上不沾的烤盤紙。將模型刷上融化的無鹽奶油,然後包含底部,全部塗上稍微烤過的椰子粉。

2 將2顆蛋、6顆蛋黃、和200ml的濃縮鮮奶油,一起攪拌,然後加入椰奶米布丁中。用湯匙舀入模型中,注意不要破壞了底部的鋪襯,或塗層的椰子粉。用160℃烤45分鐘。冷卻後,放入冷藏。

3 製作焦糖水果(請見212頁的說明欄),以佐配布丁。用刀子將布丁從模型中鬆開,刀子要緊貼模型邊緣,以免破壞椰子粉的塗層。

4 用上菜用的大盤子或高腳盤,緊蓋住模型上方,同時翻轉模型和盤子,小心地將布丁脫模。必要的話,可再沾上一點烤椰子粉。

焦糖水果做好後,可放在布丁上,或周圍,然後立即上菜。草莓、燈籠果(physalis)、奇異果、鳳梨、葡萄、杏桃,都很適合。選擇視覺效果能搭配的不同品種。

謝莫利那 SEMOLINA

謝莫利那是一種粗磨的小麥粉，可以用來製作成很棒的甜點。

要掌握的基本技巧是－烹調時要不斷攪拌，

才能作出質地均勻的成品。

製作謝莫利那 MAKING SMOOTH SEMOLINA

 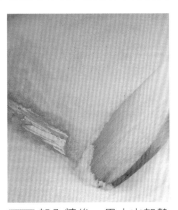

1 當鮮奶沸騰後，將鍋子離火，以穩定的細流狀，慢慢加入謝莫利那，同時不斷攪拌。

2 加入糖後，用小火加熱20分鐘，同時不斷攪拌，直到沸騰，謝莫利那變得濃稠綿密。

簡單的謝莫利那布丁 SIMPLE SEMOLINA PUDDING

鮮奶 600ml
香草莢 1根
謝莫利那 50g
細砂糖 50g

在大型平底深鍋內，用小火加熱鮮奶和香草莢，直到將要沸騰，離火，蓋上蓋子靜置30分鐘，讓香草莢入味。

再度加熱鮮奶，取出香草莢丟棄。加熱到沸騰，離火，慢慢加入謝莫利那，同時不斷攪拌。加入糖攪勻，再重新加熱到沸騰，保持攪拌。

轉到最小火，慢滾20分鐘，持續攪拌以防黏鍋。搭配水波煮水果、糖煮水果、或巧克力醬，一起上菜。這樣可做出4～6人份。

冷藏的巧克力謝莫利那
CHILLED CHOCOLATE SEMOLINA

謝莫利那可以利用模型定型，再冷藏後食用。這道滋腴豐美的巧克力甜點，略帶辛香，搭配小荳蔻調味的草莓，風味絕佳。先製作謝莫利那，並將1根肉桂棒，放在鮮奶裡浸泡入味。使用75g的糖。

1 將225g的黑巧克力分成小塊。謝莫利那煮好後離火，加入巧克力攪拌，直到融化。

2 加入4大匙的蘭姆酒，和225g的瑪斯卡邦(mascarpone)。將1個1litre的吐司模，沖一下冷水，然後裝入謝莫利那。用保鮮膜蓋好，冷卻後再冷藏數小時，到定型。脫模後，搭配調味過的草莓，和瑪斯卡邦起司上菜。

巧克力餡餅 CHOCOLATE FRITTERS

謝莫利那油炸後,會產生如堅果般的風味,和酥脆的口感。製作這些餡餅時,使用一半份量的簡單謝莫利那布丁(請見上一頁)即可,並加入幾滴苦杏仁油調味。冷卻後再放入冷藏。

1 融化100g的黑巧克力,讓其稍微冷卻後,加入100g的瑪斯卡邦中攪拌。冷卻後放入冷藏。

2 當巧克力的硬度可以塑型時,用雙手揉搓成8個小球,然後放入冷藏。

3 將謝莫利那分成8份,取1小份,將巧克力球包裹起來。先將謝莫利那滾上杏仁粉,以免黏手。

略甜的杏桃庫利(請見113頁),可以淋在巧克力餡餅上,非常美味。

謝莫利那的口味變化 FLAVOURING SEMOLINA

肉桂 CINNAMON

加熱鮮奶時,加入肉桂棒,和1顆磨碎的橙皮,來代替香草莢。

蘭姆酒 RUM

快煮好前的幾分鐘,加入浸過蘭姆酒的葡萄乾攪拌,煮好後,在布丁上加一點略烤過的胡桃(pecan nuts)。

小荳蔻和水果 CARDAMOM AND FRUIT

加熱鮮奶時,加入4顆磨碎的綠色小荳蔻,來代替香草莢。快煮好前的幾分鐘,加入乾燥芒果碎塊,和新鮮的或罐頭鳳梨,上菜時,以開心果或烤過的杏仁片裝飾。

謝莫利那餡餅 SEMOLINA FRITTERS

謝莫利那煮好、冷卻後,可以塑型,滾上蛋汁和麵包粉,油炸到酥脆,再搭配水果醬汁、熱蜂蜜、或楓糖,一起食用。也可以使用水果內餡,一樣裹上麵粉、蛋汁、麵包粉,再油炸到酥脆的金黃色。

4 將100g的去皮杏仁,切碎成如麵包粉的粉狀,然後加入100g的新鮮白麵包粉(breadcrumbs)混合。將餡餅先沾上蛋汁,再滾上杏仁麵包粉。冷藏至少30分鐘。然後餡餅即可放入油炸,炸到酥脆呈金黃色。再滾上細砂糖,立即上桌。

法式小點心
PETITS FOURS

迷你甜點 MINIATURE DESSERTS

·

水果法式小點心 FRUIT PETITS FOURS

·

迷你冰品 MINIATURE ICES

迷你甜點 MINIATURE DESSERTS

法式小點心，本身即是一種藝術。
這些小巧的蛋糕、糕點、甜點，可以搭配咖啡，
或美麗地陳列在盤子上，做爲一餐精緻的終曲。

迷你蛋白霜
MINI MERINGUES

迷你蛋白霜，可以用蛋糕裝飾嘴
(cake decorating nozzle)來擠花，
然後放入烘烤，再填餡。使用法式
蛋白霜(French Meringues)(請見68
頁)。放入烤箱用120℃烤40分鐘。

鳥巢形蛋白霜
MERINGUE NESTS

先擠花出一圈蛋白霜，在邊緣往上
堆疊成鳥巢形，再依上述方式烘
烤。可以填入鮮奶油和水果、栗子
(chestnut)泥、或白蘭地加磨碎的
巧克力，做內餡。擠上白巧克力作
裝飾。

波浪形蛋白霜
MERINGUE SWIRLS

用小型花嘴擠出的波浪形蛋白霜，
可以做成美味的夾心，內餡可使用
巧克力甘那許，或含有開心果粒的
鮮奶油。也可將一半的蛋白霜，先
蘸上巧克力，再作夾心。

迷你千層派 MINI MILLEFEUILLE

將1份起酥皮(puff pastry)(請見120頁)擀平，用直徑4.5cm的圓形金屬模，
切割出16個圓形。均勻地刺上細孔，放入烤箱，用220℃烤5分鐘，到轉成
金黃色。放在網架上冷卻，然後切成對半，加入內餡和表面餡料，作成美
味的一口小點心。

最後裝飾
FINISHING TOUCHES

可以使用溫熱的黑醋栗、覆盆子、
或杏桃果醬，和鮮奶油做內餡。篩
上糖粉，用熱金屬籤烙印上圖案。
想要的話，可以放上1顆覆盆子，
和小巧克力葉，或糖漬薄荷葉做
裝飾。

製作迷你甜點
MAKING MINIATURE DESSERTS

您喜愛的多數甜點，都可做成
迷你版。可嘗試小巧水果沙
拉，盛裝在餅乾杯裡，或是巧
克力圓盤，擠上雪酪，或是從
原味瑞士捲裡，用雞尾酒切割
器(cocktail cutters)切出的
一口糕點。

■ 用烤箱烘烤迷你甜點或蛋白霜
時，要注意烘烤時間要大幅縮
短。視烤箱種類，烘烤溫度可
能也需要降低。

■ 遵循一貫的製作方法，來追求
完美的效果，運用「輸送帶」
流程，先將一整批的點心，
完成某一步驟，再進行下一
個。這樣比先完成單一甜點的
製作，來得省事。也可確保
水準一致。

榛果糕點 HAZELNUT PASTRIES

將100g的榛果粒、各1大匙的糖粉，和巧克力利口酒、60g磨碎的黑巧克力，一起混合，做成內餡(可以做出60個)。用190℃烘烤10～12分鐘。將澄清蜂蜜加熱到接近沸騰，然後刷在烤好的糕點上。

燒賣形 BUNDLES

要做出30個巧克力榛果燒賣，使用1份的薄片酥皮(filo pastry)。切割出9cm的方形，將一點內餡放在正中央，然後包裹起來，從酥皮捏起來，封好。

三角形 TRIANGLES

切割出30個5x15cm的條狀酥皮，來製作三角形糕點。將內餡放在其中一端，然後捲起一角，形成三角形。繼續以這種方式摺疊到最末端，維持三角形。

肉桂椰棗糕點 CINNAMON DATE PASTRIES

使用去核、切碎的蜜棗(medjool dates)來製作內餡。加入2大匙的杏仁粉、1小匙的糖粉、1/2小匙的肉桂粉混合。再加入2小匙的白蘭地，增加濕潤度。這樣可做出26個。

捲法 ROLLING

切出3x10cm的條狀酥皮。將兩長邊摺進來，刷上奶油，在一端放上內餡，然後開始捲起來。再刷一次奶油，用180℃烤10分鐘。冷卻後，撒上糖粉。

紅色水果迷你塔 RED FRUIT TARTLETS

要製作20個可口的紅色水果迷你塔，需要一半份量的甜酥麵糰(Pâte Sucrée)(請見122頁)。裝入杏仁鮮奶油後烘烤。用小湯匙，將一點草莓果醬，放入迷你塔內(使用50g)。烤好後，放上半顆草莓、1顆覆盆子、1顆野草莓做裝飾。選擇品質好的水果，才能做出漂亮的裝飾。

1 將麵糰擀成2mm厚，使用金屬模，切出適當大小的圓形。

2 使用深2cm、底部直徑3.5cm、頂部開口直徑4.5cm的迷你塔模型，將圓形麵皮在模型上舖襯好。裝入一半份量的杏仁奶油醬(請見49頁)，不要裝滿，然後用170℃烤約25分鐘。脫模後，待其完全冷卻，再填餡、裝飾。

乳酒凍杯 SYLLABUB CUPS

使用250g的融化巧克力，來塗層24個法式小點心模內部。利用多層塗層，來做出厚一點的巧克力杯，等一層乾了，再塗下一層。

1 當巧克力杯完全定型後，剝除紙模。

2 將一半份量的乳酒凍(syl-labub)(請見54頁)，擠入巧克力杯中。然後放入冷藏，食用時再取出。

咖啡白蘭地空心餅 COFFEE BRANDY SNAPS

1 製作28個白蘭地空心餅(請見126頁)，捲在木匙柄上來塑型。讓餅乾定型後，再填餡。

2 在180ml的濃縮鮮奶油裡，加入各1大匙的糖粉、咖啡精、咖啡利口酒，一起攪拌，然後擠入餅乾內做內餡，再上桌。

佛羅倫汀餅乾 FLORENTINES

這種餅乾，很適合搭配甜點，要做出28個，可使用基本白蘭地空心餅麵糊(請見126頁)，再加入60g切碎的葡萄乾、糖漬櫻桃、和糖漬果皮。按照製作白蘭地空心餅的方式烘烤(請見126頁)。定型後，放在網架上冷卻，再以巧克力裝飾。

使用融化的巧克力(使用180g)，來塗層餅乾較平滑的那一面，然後用叉子劃上波紋。靜置一旁待其凝固。

巧克力和肉桂餅乾 CHOCOLATE AND CINNAMON BISCUITS

製作巧克力麵糰。將325g的奶油，和20g的糖粉，混合均勻。加入1顆蛋黃、400g的低筋麵粉、和35g過篩的可可粉。將麵糰揉搓到質地均勻、平滑，用保鮮膜包好，放入冷藏或冷凍，使用時再取出。肉桂麵糰的部份，先用摩擦的方式，將280g的奶油，和400g的低筋麵粉混合，成麵包粉的質地。然後加入125g的糖粉、各1/2小匙的香草精和肉桂粉，攪拌均勻。揉搓麵糰到質地均勻、平滑，再塑型。(這樣可做出96個。)

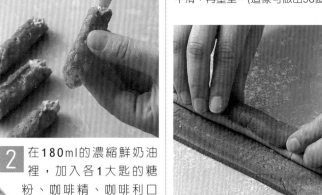

1 將肉桂麵糰揉成直徑約3cm的長條狀，然後放入冷藏。將巧克力麵糰擀平成13mm的厚度，然後包在條狀肉桂麵糰外塑型。放入冷藏。

2 使用鋒利的刀子，切下圓盤狀的麵糰，每切一次，就沾一下熱水，然後擦乾，再切下一次。將圓盤麵糰放在抹上奶油的烤盤上，用160℃烤15分鐘。

水果法式小點心 FRUIT PETITS FOURS

水果法式小點心，最能夠呈現水果的自然之美—

將不同的種類，同時上桌時，可創造令人讚嘆的裝飾。

塗層的糖衣，增添了甜度和視覺效果。

蘸浸與塗層 DIPPING AND COATING FRUIT

水果蘸上甜美的糖汁，就可以一個一個排列出來，做成簡單美味的法式小點心。可以嘗試小型水果，完整或切片都可，如燈籠果、柑桔(mandarine)果肉、櫻桃、草莓。糖汁可以使用焦糖、巧克力、或風凍(fondant)，以增加色彩和味道的變化。

1 製作淡度焦糖(請見109頁)，使其稍微冷卻。握住水果的葉子、柄、或用雞尾酒籤(cocktail stick)，將水果浸入焦糖中。

2 讓多餘的焦糖滴落，然後將水果放在烤盤紙上，使其凝固。

只塗層一半的糖衣水果
HALF-COATING FRUIT

只塗層一半的水果，可以產生特殊的視覺效果。只將一半的水果，浸入糖漿中，讓多餘的糖汁滴落，再放在烤盤紙上凝固。一盤的草莓，一半用黑巧克力做半塗層，另一半則使用白巧克力，這樣的裝飾很引人注目。

填充內餡的乾燥水果
STUFFED DRIED FRUIT

乾燥水果可以填入以杏仁、榛果、或核桃，做成的堅果內餡。如果要填充48個乾燥杏桃、椰棗(dates)或洋李乾(prunes)，可以將1顆雞蛋，加入100g的細砂糖，以隔水加熱的方式攪拌，直到變得濃稠。加入100g的杏仁粉，和100g的細砂糖，攪拌直到變成糊狀。

1 將杏仁糊塑型呈橢圓。將椰棗或洋李乾去核，然後裝入大份量的杏仁糊，然後將水果合起來。

2 將水果浸入風凍(請見112頁)、融化的巧克力、或焦糖裡。然後放在烤盤紙上凝固。

迷你冰品 MINIATURE ICES

冰淇淋法式小點心，所使用的基本定模和塑型技巧，
其實和製作較大的點心一樣。因為體積小，
所以裝飾的技巧稍有不同，需要更細膩的手法。

多層冰淇淋 LAYERED ICE CREAM

製作迷你多層冰淇淋時，可使用法式小點心模。記得要選擇色彩、口味都能互相搭配的水果。脫模後，放在冷藏過的餅乾，或奇異果片上。這裡示範的表面還擠上巧克力霜飾。

按照製作半球形冰淇淋(bombes)，
和冰淇淋蛋糕(請見39～40頁)的技
巧，來將冰淇淋分層疊在模型
裡，接著放入冷藏使其定型。

將冰淇淋球塗層 COATED ICE CREAM

使用挖球器(melon baller)，來挖出冰淇淋球。然後插在雞尾酒籤上，冷藏變硬。接著浸入冷卻的融化巧克力中—這裡示範的是，櫻桃冰淇淋沾上白巧克力，而白巧克力冰淇淋，則塗層上黑巧克力。

然後將冰淇淋球，以傾斜的角度，放在烤盤紙上，擠上對比顏色的巧克力霜飾，再冷藏定型。

櫻桃半球形冰淇淋 CHERRY BOMBES

將糖漬櫻桃(glacé cherry)放入櫻桃白蘭地或白蘭地裡，浸泡數小時或一晚，瀝乾後，再用來製作這些白巧克力迷你半球形冰淇淋。用小茶匙將一點白巧克力冰淇淋，壓在法式小點心模型的底部。然後放上櫻桃，再用冰淇淋完全覆蓋住，將水果和冰淇淋擠壓貼合。用相同的步驟，使用完所有的櫻桃，然後冷藏，使之變硬。若要製造鮮明的印象，可用黑巧克力做成裝飾底座。

製作底座
PREPARING THE BASE
切割出比冰淇淋略大的巧克力圓盤，將半球形巧克力脫模，置於其上，移除紙模。在底座邊緣，擠花上巧克力，然後冷藏凝固。

快速並保持低溫
QUICK AND COLD

製作冰淇淋法式小點心時，動作一定要快，趁冰淇淋變軟前，組合完畢。因為手的溫度和室溫，都會使冰淇淋變軟，所以一次只有幾分鐘的時間。事先將需要的工具、材料都準備好，才能加速作業。將湯匙、烤盤等，先冷藏過。一旦冰淇淋變軟，就要立即放回冷凍。分小批作業，當第一批完成，放入冷藏後，再進行第二批。

迷你冰淇淋串
MINI ICE CREAM KEBABS

用小挖球器，挖出3球不同的冰淇淋，這裡示範的是草莓、巧克力、和香草。將它們用木籤串起，放入冷凍，使之變硬。上菜時，可以放在果泥(fruit purée)或巧克力醬上，亦可放在法式手指餅乾(sponge fingers)上，或做小型瓦片餅(Tuile biscuits)的內餡。

196

最後裝飾
FINISHING TOUCHES

巧克力裝飾 CHOCOLATE DECORATIONS

使用醬汁來裝飾 USING SAUCES DECORATIVELY

霜漬和糖漬 FROSTING & CRYSTALLIZING

糖飾 SUGAR DECORATIONS

製作棉花糖 MAKING SPUN SUGAR

裝飾用餅乾 DECORATIVE BISCUITS

水果和堅果 FRUITS & NUTS

巧克力裝飾 CHOCOLATE DECORATIONS

巧克力在可塑狀態時，可以做成美麗的甜點，

從細緻的羽毛狀，到大膽的大埋石板，都能改變甜點的風貌。

亦可成為可食用的容器。

巧克力擠花
PIPING CHOCOLATE

小型紙製擠花袋，是必備的擠花裝飾工具。用膠帶封好擠花袋外面的縫隙，使其更堅固。

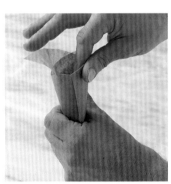

1 將25cm的方形烤盤紙，剪成三角形。將一個銳角捲起，捲到另一邊，做出一個圓錐形。

2 將另一邊的銳角拉起，盡量與另外2個銳角對齊，同時收緊圓錐。

3 將這三個銳角，一起向上拉緊，使底部形成極細的尖端，並將2個外圍的銳角向內摺，以固定圓錐的形狀。

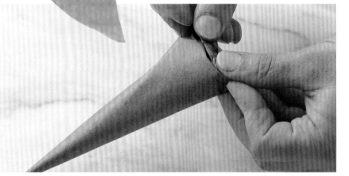

4 將融化並稍微冷卻的巧克力裝入，然後摺疊開口處，以封緊擠花袋。

5 繼續從開口處往下摺疊，使巧克力向下擠壓，一直到底部的尖端處。這時的紙圓錐，充滿了巧克力，應該呈繃緊的狀態。必要的話，可準備第2個擠花袋，放在溫暖處備用。

6 要開始擠花前，在尖端處剪出一個細孔。若要做出細緻的擠花，剪得越接近尖端越好。

裝飾主題擠花 PIPING MOTIF DECORATIONS

用黑或白巧克力，做出具有重覆主題的圖案，令人眼睛一亮，也能增加甜點的高度。擠花前，先在烤盤紙上畫好形狀，可能會有幫助，尤其是幾何圖案，更需要正確的線條。

將畫好圖案的烤盤紙，舖在冷而硬的表面上上，如大理石，或直接擠花舖在大理石上的膠片(acetate)上。儘量確保線條的流暢。

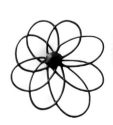

網狀圓形
MESH CIRCLES

圓形的網狀巧克力，可用來裝飾甜點，也可組成其中一部份。若為中型的細密網狀，還可代替餅乾，做成冰淇淋或慕斯夾心，更顯特殊。小網狀則可作為蛋糕或其他甜點的表面裝飾，壓入擠花鮮奶油中。

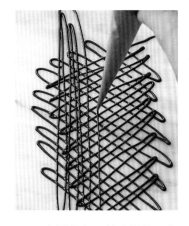

1 在膠片上，擠出網狀巧克力線條。線條越多，最後的網狀就越細密。

2 趁巧克力完全變硬前，用圓形金屬模用力向下壓，切割出想要的大小。然後靜置在陰涼處，待其完全凝固。

網狀三角型的邊緣較粗厚，比較容易立在甜點上，而邊緣開放的網狀，則可以平鋪在蛋糕表面。

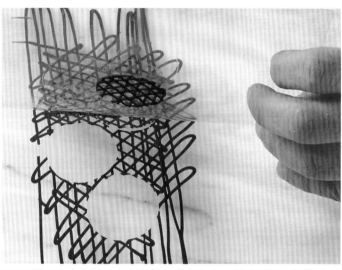

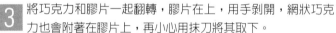

3 將巧克力和膠片一起翻轉，膠片在上，用手剝開，網狀巧克力也會附著在膠片上，再小心用抹刀將其取下。

網狀三角形的擠花
PIPING MESH
TRIANGLES

若要做出更具份量的幾何圖案，可先擠出密實的網狀巧克力，再做出較正式的邊界線條。在大理石台舖上膠片(acetate)，在上面擠花圖案。

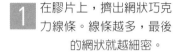

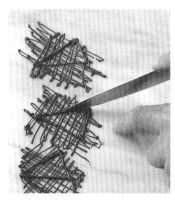

1 用小擠花袋，徒手擠出融化巧克力圖案。

2 然後擠上較粗的三角形，放入冷藏定型。

3 從冰箱取出，用刀子切掉三角形外的部份，將膠片翻轉，剝除膠片，再放入冷藏，準備使用時再取出。

蕾絲巧克力杯
LACY CHOCOLATE
CUPS

若想為甜點，做出輕巧精緻的裝飾，可以嘗試在小容器裡，如金屬模型裡，擠出裝飾巧克力杯。冷藏凝固後，巧克力會保有模型的形狀。嘗試下列技巧後，可以發揮自己的創意，實驗不同的形狀、模型、和內餡。

2 巧克力定型後，會稍微收縮，因此很容易從模型中取出。冷藏直到準備使用為止。可裝入水果、冰淇淋、或其他冷藏的甜點。

1 切除擠花袋的尖端，做出細孔，在清潔、乾燥的模型內層，擠上漩渦狀的融化巧克力。然後冷藏或冷凍定型。

淚滴杯
TEARDROP CUP

這是巧克力擠花所做成的容器，可盛裝冰淇淋、慕斯、或其他甜點，只要夠柔軟，能夠擠花或用湯匙裝入，但又不致於流溢出網狀容器外。

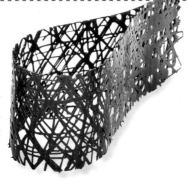

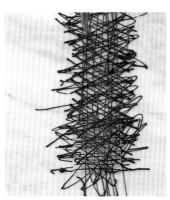

1 在大理石台舖上長條狀膠片(acetate)，然後將融化巧克力裝入擠花袋中。擠上密實的網狀巧克力，覆蓋整條膠片。

2 趁巧克力仍微溫時，將邊緣修除整齊。然後捏住膠片的一端，將它從大裡石台上拿起。

3 將膠片彎起，巧克力在內面，使兩端相遇，然後壓緊，使兩端的巧克力固定在一起。然後放在陰涼處冷卻定型。使用前再撕除膠片。

巧克力彎刀
CHOCOLATE SCIMITARS

三角形的巧克力片,可以做成不同的長度,和不同的彎曲弧度。將膠片彎曲成不同的角度,以塑造出想要的巧克力形狀。

1 將膠片鋪在大理石台上,然後抹上調溫過的(tempered)巧克力(請見110頁)。

2 讓巧克力稍微冷卻,然後從兩邊切出鋸齒狀的三角形片。

3 將膠片朝一邊捲曲,並用膠帶將膠片的兩邊,固定在工作台上。然後放入冷藏定型。

螺絲形緞帶
CORKSCREW RIBBONS

精緻的螺絲形巧克力,是很受歡迎的裝飾。若擔心用手拿取,會破壞其形狀,可使用雞尾酒籤,將其安置在甜點上。

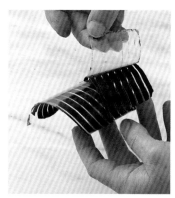

1 在膠片上,抹上調溫過的(tempered)巧克力(請見110頁),用寬齒刮板(wide-toothed scraper)劃過。

2 讓其稍微冷卻,然後將膠片彎曲成螺旋狀,將兩端用膠帶固定在托盤上。

3 放入冷藏,使其完全定型,然後小心撕除膠片。

大理石板
MARBLE SLABS

製作大理石板時,要融化黑巧克力和白巧克力。將白巧克力放在碗中,然後用湯匙滴入數滴黑巧克力。雖然彼此會有點混合,但這時不要去攪拌它。

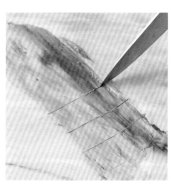

1 將膠片鋪在冰涼的工作台上,然後倒上巧克力,倒的時候,讓兩種顏色混合一點。

2 用抹刀將巧克力抹勻。同時將兩種顏色混在一起,創造出大理石花紋。抹刀的角度要低、近乎平坦。

3 將巧克力切成想要的形狀,這裡示範的是方形,然後冷藏定型。撕除膠片後,即可用來裝飾甜點,或增加甜點的結構。

塑型不平整杯
MOULDING JAGGED CUPS

不是所有的甜點都要看起來整整齊齊的,一種自然的風貌,如這裡示範的不規則巧克力杯,反而會增添甜點純樸的魅力。它們很適合用來盛裝冰淇淋、冷藏水果沙拉、慕斯,呈現出簡單而清新的效果。

1 在攪拌盆裡融化巧克力。將粗擀麵棍的一端,用膠片(acetate)包好,然後握住膠片上端,浸入巧克力中。

2 多浸幾次,直到巧克力杯達到需要的厚度為止,然後將它立在平坦的表面上,使底部平整。讓它稍微凝固後,再移除擀麵棍。放入冷藏,完全定型後,撕除膠片。

製作扇形巧克力
CREATING FANS

緞帶般的扇形巧克力,是將巧克力堆擠而成的,可做為甜點和蛋糕的表面裝飾。

製作扇形巧克力
MAKING FANS
將融化巧克力抹在堅硬的表面上,讓其稍微冷卻。使用寬而平坦的刀刃,如乾淨的壁紙刮刀(wallpaper scraper),刮下窄條狀的巧克力,一邊刮,一邊用手指堆擠成扇形。

用模型塑型巧克力杯
MOULDING CHOCOLATE CUPS

如果您只想要完美的線條,可將甜點盛裝在可食的容器中。塑膠杯的形狀最恰當不過,可用來塑型巧克力杯。巧克力杯的厚度和大小,端視盛裝其中的甜點而定。較厚的巧克力杯,可以使冰甜點保持低溫久一點。

1 在攪拌盆裡融化巧克力。修剪塑膠杯到想要的高度,然後舀入巧克力,裝到滿。

2 倒回多餘的巧克力。將塑膠杯放入冷藏,同時繼續製作下一個。不時攪拌巧克力,避免凝結。

3 繼續同樣的步驟,直到巧克力杯到達所需的厚度。用抹刀抹平頂端邊緣。冷藏後,將巧克力從塑膠杯中取出,必要的話,可將塑膠杯剪破。

調整裝飾來適應需求
ADAPTING THE DECORATIONS

- 藉由變化巧克力的顏色、使用大理石板,和緞帶巧克力,您可以針對甜點的需要,調整出想要的裝飾。
- 擠花巧克力裝飾,變化無窮。您可以設計任何圖案,或用金屬切割模做出各種形狀。
- 利用蘸浸巧克力來塑型時,如製作巧克力杯,幾乎可使用任何物體來完成,只要記得包上一層膠片(acetate)。
- 大多數的模型,都可用來塑型巧克力。但要注意的是,模型表面的圖案越多,就越不容易將定型的巧克力取出。

製作巧克力捲片
CREATING CURLS

巧克力捲片，包括長而窄的不規則卡拉脆(caraque)，到這裡示範的，幾乎完美一致的白巧克力捲片。黑巧克力和白巧克力捲片，都適合用來做正式的甜點與蛋糕裝飾。

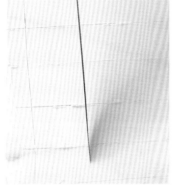

1 將融化的白巧克力，抹在堅硬而冰冷的表面上，如大理石或花崗石(granite)，讓其稍微冷卻。用鋒利的刀子，將巧克力切成一樣大小的方形。

2 使用刀刃平坦的刀子，將方形巧克力刮下。從邊角開始，沿著對角線的方向來刮。巧克力會自動捲起。

製作巧克力卡拉脆
MAKING CARAQUE

這種不規則的窄條巧克力捲片，是很受歡迎的巧克力蛋糕裝飾。通常會大量使用。

刮下卡拉脆
SCRAPING CARAQUE
在大理石台上，抹上薄薄的一層的巧克力。用長刀刃的刀，刮下矩形的巧克力，刀刃上的施力要平均，巧克力才會捲起。

製作煙捲形 CURLING CIGARETTES

這裡所示範的雙色巧克力煙捲，一直是最受歡迎的裝飾，常用在冰淇淋、蛋糕、慕斯、塔點上，現在您也可使用在您的甜點上。

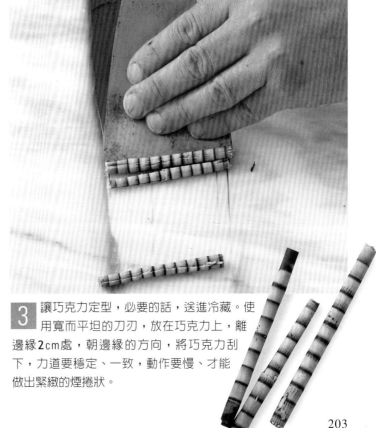

1 抹上一長條的白巧克力。其寬度代表煙捲做好後的長度，所以要確保兩端寬度一致。用齒狀刮刀，水平地刮過巧克力條。

2 等待白巧克力定型時，來融化黑巧克力。然後將黑巧克力均勻抹在白巧克力上，抹的時候要小心，不要將顏色混在一起了。

3 讓巧克力定型，必要的話，送進冷藏。使用寬而平坦的刀刃，放在巧克力上，離邊緣2cm處，朝邊緣的方向，將巧克力刮下，力道要穩定、一致，動作要慢、才能做出緊緻的煙捲狀。

203

使用醬汁來裝飾
USING SAUCES DECORATIVELY

醬汁是最後裝飾的經典手法，不但影響甜點的風味，也影響其外觀。

除了鮮奶油、優格、新鮮白起司(fromage frais)外，也可使用水果庫利或卡士達。

使用庫利
USING COULIS

最成功的選擇，就是使用和甜點在口味及顏色上能互相搭配，或形成對比的庫利。然後再決定呈現庫利的設計。以下的建議只是一個出發點。

做出框線
OUTLINING

將醬汁做出獨特有趣的形狀，可以讓甜點的外觀，馬上鮮活起來。用巧克力甘那許(ganache)，擠花出想要的框線，待其凝固，然後在中央舀上鮮奶油，或別的醬汁。

滴落庫利
DRIZZLING ON TO A PLATE
用湯匙將白巧克力醬，和覆盆子庫利，滴在盤子上，形成重疊的環狀醬汁。

裝飾感的混合醬汁
DECORATIVE MIXING

羽毛形 FEATHERING
在庫利池邊，滴上一圈鮮奶油，然後用雞尾酒籤，在相同的間隔處，以一邊向外勾，一邊向內勾的方式，將鮮奶油裝飾成羽毛狀。

心形 HEARTS
在庫利池邊，等距滴上鮮奶油。然後用雞尾酒籤，劃過每滴鮮奶油中央，形成心形。

池塘庫利
POOLING COULIS
甜點可以放在如池糖般的庫利醬汁中。使用湯匙背面，將圓形庫利推展成池糖狀。

混合兩種醬汁
COMBINING SAUCES
要混合的兩種醬汁，應該具有相同的濃稠度。用湯匙將醬汁，舀在盤子兩邊的中央處，使其自然擴散到彼此相連處。然後用雞尾酒籤，以勾圓的方式(circular motion)，將其中一種醬汁勾到另一邊的醬汁上，形成花紋。

霜漬和糖漬
FROSTING & CRYSTALLIZING

有些美麗的裝飾，是要靠糖才能完成的，它的作法簡單，非專業廚師也能輕易上手。

在多數的情況下，多加一點糖是值得的－能夠增加持久閃耀的光澤。

霜漬 FROSTING

葉子、花瓣、蓓蕾，以及上菜的碗或杯子邊緣，都能霜漬作為裝飾。

1 用叉子將蛋白稍微攪拌出氣泡。用小水彩刷(paint-brush)在花瓣或葉子上，薄薄地刷上一層蛋白。

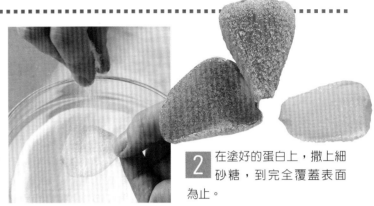

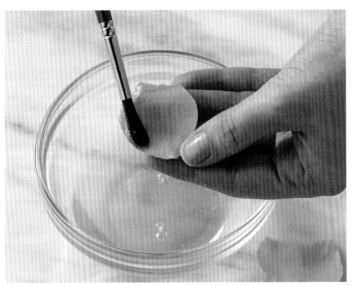

2 在塗好的蛋白上，撒上細砂糖，到完全覆蓋表面為止。

霜漬水果 FROSTING FRUIT

霜漬水果的方式，和處理花瓣和葉子一樣。紅醋栗和其它的漿果類，尤其適合。一串鮮豔的紅醋栗，最適合用來裝飾，不同口味的冰淇淋和雪酪。

快速地製作糖漬柑橘絲 QUICK CRYSTALLIZED CITRUS JULIENE

製作糖漬果皮的傳統方法，十分耗時，這裡提供的技巧，能快速地做出酥脆的糖漬柑橘絲。

1 用蔬菜削皮器(vegetable peeler)，由上而下，刮削出柑橘類果皮。注意只要刮取最外層，不要刮下中果皮(pith)。然後將果皮切成細絲。

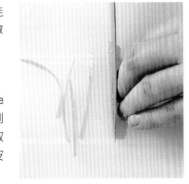

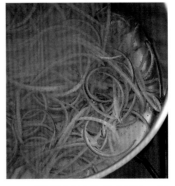

2 將柑橘絲放入鍋裡，加水淹過，加熱到沸騰。然後慢滾到果皮變軟為止。加入糖，用小火加熱，直到糖全部溶解。再轉成大火，使其沸騰，煮到糖漿快完全蒸發為止。

3 用叉子將柑橘絲舀出，在烤盤紙上攤開。均勻撒上細砂糖，待其冷卻並變硬。接著即可放入密封罐貯存。

糖飾
SUGAR DECORATIONS

糖,可以做出許多甜點的理想裝飾。不論是複雜的圖案,或簡單的設計,
都能使甜點看起來有專業感,令人驚豔。

使用近焦糖糖漿 USING POURED SUGAR

1 將糖漿(請見108頁)加熱到165℃。舀去表面的泡沫雜質。

2 糕點刷(pastry brush)沾濕後,用來將鍋壁的結晶刷下,避免燒焦。

3 剪下比模型略大的方形烤盤紙,將模型抹上薄層的油後,放在烤盤紙中央,工作台的表面要平坦。糖漿離火後,倒入模型中。待其冷卻凝固。

4 糖漿凝固後,移除模型,讓凝固的糖漿留在烤盤紙上,使用時再撕除。

做出大理石花紋 MARBLING POURED SUGAR

若要做出大理石花紋,可趁糖漿尚未凝固前,用滴管滴入幾滴食用色素。用刀尖或小湯匙的把手,將色素劃開,呈漩渦狀的花紋。

加熱糖漿 HEATING SUGAR

糖漿的性質會隨著溫度變化,所以煮糖漿時,一定要掌握精確的溫度,才能確保成品合於理想。

「近焦糖糖漿」(poured sugar),須加熱至165℃,已超過硬脆狀態,但還不到形成焦糖的溫度,其間只有數秒的差距而已。

在這個階段,糖漿的結構變得很硬,等到形成焦糖的溫度時,又會再度變軟。也就是說,這時的糖漿,雖然看起來光滑可口,但做成上方的圓盤狀時,質地十分堅硬,無法食用,只是純粹裝飾用而已。

焦糖可用滴落的方式,做成各種精巧的圖案,都能為您的甜點生色不少。

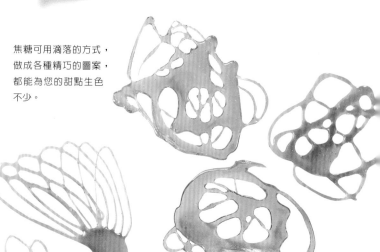

製作滴落糖飾 MAKING DRIZZLED SUGAR SHAPES

可食的糖飾，增添甜點一絲優雅的魅力。糖漿的可塑性大，要簡單或繁複，都可盡情揮灑。

在平坦的工作台，舖上方形烤盤紙。準備一鍋糖漿，加熱到160℃。這時將一根湯匙浸入。湯匙取出後，舉在烤盤紙上方，讓糖漿滴落，移動湯匙，來劃出想要的圖案，然後靜置冷卻。

製作金線網 MAKING GOLDEN THREADS

1　烤盤抹上一點油，滴上平行的糖漿線條。

2　十字形地交錯滴上另一層糖漿，待其冷卻後，可用在甜點表面上。

製作焦糖鳥籠 MAKING A CARAMEL CAGE

1　準備一個乾淨的長柄杓(ladle)，用廚房紙巾在湯杓背面抹一點油。

2　用湯匙將糖漿滴在湯杓背面上，形成網狀圖案。

3　在湯杓邊緣也滴上一圈糖漿，以做出鳥籠的封口。剪除垂掛下來多餘的部分。

4　讓糖漿留在湯杓上，靜置冷卻。然後小心地將鳥籠撥下來，不要弄破。可以用來蓋在小型甜點上。

同一主題的不同變化：擠花糖飾，搭配水果和擠花鮮奶油，可做為蛋白霜和冰淇淋的表面裝飾。

擠花糖飾 PIPING SUGAR

1 將糖漿加熱到160～165 ℃。將擠花袋放在酒杯中，作為支撐，然後倒入糖漿。

2 將開口往內摺，然後捲起封好。小心不要碰到滾燙的糖漿。

3 用布巾保護雙手，然後將擠花袋從酒杯中取出。

4 小心地剪除擠花袋的尖端部份，作為擠花糖漿的細孔。

5 在烤盤紙或烤盤上，擠花上圖案。若需要參考樣板，可先在烤盤紙背面打草稿。如果糖漿在中途冷卻凝固了，可放入熱烤箱中數分鐘。

6 做好的糖漿，約需10分鐘凝固定型。接著可用抹刀，將其從烤盤或烤盤紙上取下。可先取下一個試試看，是否完全定型了，以免破壞了做好的形狀。

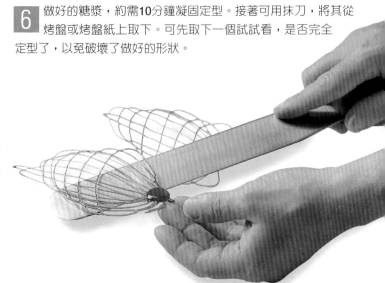

製作棉花糖
MAKING SPUN SUGAR

棉花糖看起來精美細緻，而且可塑性極大，可以做成不同形狀，放在盤子或甜點上來裝飾。
但是它並不持久，所以應該在上菜前一刻，才開始準備。

製作棉花糖 MAKING SPUN SUGAR

一定要確認，糖漿已到達適合做棉花糖的程度。糖漿應該很容易就從攪拌器落下，形成凝結的糖絲。用來收集糖絲的表面，應該清潔而乾燥。可以自製收集糖絲專用的攪拌器(請見右欄)，或將2根叉子，背對背握在一起，叉齒的部份朝相反方向，然後按照使用攪拌器的方式使用。

修剪攪拌器
CUTTING A WHISK

將攪拌器剪斷後，可以一次做出許多糖絲。買一個便宜的攪拌器，然後用鉗子剪去前端彎曲的鐵絲，使攪拌器只剩下鈍端的鐵絲。

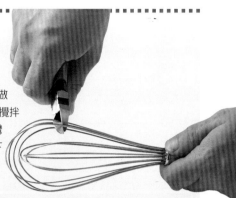

1 將糖漿加熱到155℃，然後將鍋底放入冷水中，以中止加熱。

使用棉花糖
USING SPUN SUGAR

這道裝飾又名為天使之髮(angel's hair)，有種出塵般的美，可做成空氣感的圓頂，或糖環，然後圍在冰淇淋和慕斯上，或放在表面。也可用拱起的雙掌，塑成球狀，用來裝飾舒芙蕾和節慶蛋糕。裡面可以塞入辛香料或小糖果，但任何液體都會使其溶化。

2 將烤盤紙鋪在工作台上。在烤盤紙上方，一手握住擀麵棍，另一手將攪拌器浸入糖漿內，然後在擀麵棍上方來回揮動，形成糖絲。

3 小心地用手拾起這些糖絲，然後將它們捲回擀麵棍上方。接著小心地從麵棍鬆開取下。

4 將它分成兩半，用雙手塑型。

裝飾用的餅乾
DECORATIVE BISCUITS

不同種類的酥脆、可食裝飾餅乾，都可用來搭配甜點，可作為點綴或容器使用。

餅乾麵糊製作簡單，而且容易塑型。

裝飾用泡芙造型 DECORATIVE CHOUX SHAPES

泡芙麵糊(請見124頁)，可以細細地擠出來，作為精緻的蛋糕裝飾。

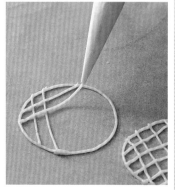

網狀圓形 MESH CIRCLES
在烤盤紙上劃好所需的圓形大小，作為引導。先擠上圓形輪廓，然後擠上中央的網狀圖案。

塑型鬱金香杯 SHAPING TULIPS

瓦片餅可做成盛放甜點的容器。一份法式模板麵糊(stencil paste)(請見127頁)，可做出16個容器。用180℃烤5～8分鐘，一次烘烤4個，直到邊緣呈淡金色。

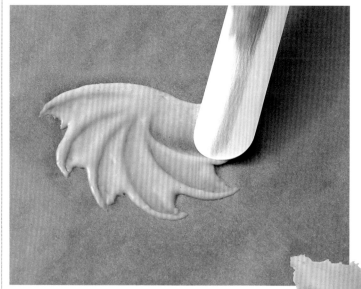

1 將1大匙的法式模板麵糊，放在抹好油的烤盤或烤盤紙上。然後用抹刀從中央向外抹去，呈重疊的花瓣狀。再按照上式方式烘烤。

2 用抹刀將烤好的瓦片取下，放在碗裡，塑型時，用餅乾圓模(biscuit cutter)在中央向下施壓。

橢圓網狀 MESH OVALS
這些美麗的橢圓泡芙網，很適合放在水果迷你塔，或冰淇淋上做裝飾。先在烤盤紙上劃好橢圓形，翻面，用小擠花嘴或細孔擠花袋，擠出輪廓。

白蘭地餅乾籃 BRANDY BASKETS

要製作這些蕾絲狀的白蘭地餅乾籃，先按照製作白蘭地空心餅(brandy snaps)的食譜(請見126頁)，然後將麵糊抹成花形，而不是圓形。按照製作白蘭地空心餅的方式烘烤，並按照上欄鬱金香杯的方式塑型。也可以將餅乾放在凸出物上塑型。

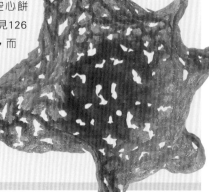

椰子瓦片餅 COCONUT TUILES

這是另一種好吃的瓦片餅變化。請按照70頁的食譜，來製作這種異國風味的甜點。

1 一旦將蛋白、糖粉、椰子粉和融化奶油混合好後，將麵糊放在烤盤上，均勻抹成一層，冷藏後用160°C烤3分鐘。

2 用金屬製圓模，切下想要的餅乾大小。若要做出不規則形狀，將麵糊舀到烤盤上推勻，然後烘烤3分鐘。趁熱塑型。

蕾絲瓦片餅 LACE TUILES

橙汁700ml
磨碎的橙皮 1顆
香橙干邑甜酒(Grand Marnier) 50ml
細砂糖 250g
融化的無鹽奶油100g
杏仁細粒 200g
低筋麵粉 125g

將材料全部混合在碗中，然後用湯匙舀到抹好油的烤盤上。一個烤盤放5個。用叉子壓平，再用180°C烤5分鐘。烤好後立即取出，捲在抹好油的擀麵棍上塑型。這樣可以做出25個。

瓦片餅的塑型 SHAPING TUILES

使用樣板來幫助您做出想要的形狀。這裡示範的是，用來盛裝梭形冰淇淋(請見42頁)的，尾端翹起的小容器。

1 從薄紙卡剪下樣板，然後舖在抹好油的烤盤紙上。在樣板上，薄薄抹上一層法式模板麵糊(stencil paste)(請見127頁)，移除樣板後烘烤。

2 用抹刀將餅乾從烤盤上取下，然後用手指將它彎成想要的形狀。維持彎曲的動作直到定型為止。

矽膠墊 SILICONE MAT

烘烤脆弱的海棉蛋糕和餅乾時，雙面矽膠墊可作為絕佳的不沾襯墊。麵糊可直接放在上面，然後再放在烤盤上烘烤。它可以在烹飪用具專賣店購得。若要經久耐用，須注意清洗與保養方法。

水果和堅果
FRUITS & NUTS

水果和堅果所做成的裝飾，可用來搭配許多甜點。
製作簡單而又色彩繽紛，既好看又可口。

柑橘蝴蝶結 CITRUS TWISTS

萊姆、檸檬、和橙，可用在許多
不同的水果甜點上。上菜前再開
始製作，以免變乾。

用鋒利的刀子，將水果切成薄片，然後從旁邊劃一刀到中央部份，再沿
著切口，朝相反方向轉一下。

柑橘結
CITRUS KNOTS

它們尤其適合裝飾法式小點心。削
下柑橘果皮，不含中果皮(pith)，
切成細絲。

然後簡單地打個結即可。

蘋果和洋梨脆片
APPLE & PEAR
CRISPS

這些用蘋果和洋梨做成的脆片，經
過調味後，是很獨特的裝飾，亦很
適合搭配水果甜點。

確認使用的水果質地結實，不會過
熟。在碗裡擠出半顆檸檬的果汁，
加一點水稀釋。用蔬菜處理器
(Mandoline)，或穩定的雙手，將蘋
果和洋梨，切成2.5mm厚度的薄
片。然後立即浸入檸檬汁中，以防
變色。在鍋裡混合100g的糖，和
100ml的水。放入水果薄片，加熱
到沸騰。將水果撈出，放在烤盤紙
上，用100℃淺烤烘乾(dry)4個小
時，烤到一半時翻面一次。

椰子捲片
COCNUT CURLS

用蔬菜削皮器(vegetable peeler)，
從大顆的新鮮椰子上，削下長條狀
的捲片。施力要平均，以做出適度
的捲片。然後放入烤箱烘烤
(toast)，再灑在甜點上做裝飾。

裝飾創意 DECORATIVE IDEAS

誘人的透明蘋
果、洋梨薄
片，可為簡
單的甜點，增
添厚度與質
感，並平衡柔軟綿
密的口味。新鮮的烤椰子

捲片，可撒在異國風味水果沙
拉上，亦可捲疊在一人份甜點
上，都很吸引人。小柑橘結，
可為芭菲(parfaits)、起司蛋
糕、和冰品增加柑橘獨特口感
和色彩。這些小裝飾，亦很適
合法式小點心(petits fours)。

將堅果裹上焦糖
CARAMELIZING NUTS

焦糖的風味特別適合堅果,深褐色、充滿亮澤的糖衣,也使堅果更具裝飾性。

製作焦糖(請見109頁)。用雞尾酒籤插入堅果中,然後浸入糖漿蘸一下。放在烤盤紙上,待其冷卻。用同樣的方法,來製作每顆堅果。

適合裹焦糖的堅果和水果
NUTS AND FRUITS FOR CARAMELIZING

杏仁、巴西栗(Brazil nuts)、胡桃(pecans)、榛果、和夏威夷豆(macadamia),都很適合裹焦糖。有些水果的質感和口味,也和焦糖特別對味,最知名的如太妃蘋果(toffee apples)和香蕉。單純這樣吃,或配上一球冰淇淋,都很美味。

奴軋汀的塑型 SHAPING NOUGATINE

要製作奴軋汀粉,可將150g的糖、50g的葡萄糖、和50g的杏仁片,煮到淡度焦糖狀態。然後倒在抹好油的烤盤上,待其冷卻。變硬後,放入食物處理機,攪拌成粉末狀。

1 剪出所需形狀的樣板,放在烤盤紙上。在形狀內均勻地撒上奴軋汀粉。

3 奴軋汀從烤箱取出時,質地柔軟,但冷卻後會變硬,因此要趁熱塑型,因為冷卻後它變得易碎。這裡示範的是,將它捲在擀麵棍上來塑型。

2 小心地移除樣板。在奴軋汀上灑上堅果片,或堅果粒,用170℃烤5分鐘。

酥脆的奴軋汀片,可為甜點提供額外的質感和口味。它們可用來做為裝飾用的底座或表面餡料。

專業用語解說
GLOSSARY

AGAR-AGAR 洋菜：以海草為原料的素食凝結劑，可代替吉力丁使用。

BAIN MARIE 隔水加熱/蒸鍋：一種烹飪用具，能夠在加熱過程中，使熱源均勻分佈。可在專業廚具店購得，或直接將裝了甜點的攪拌盆，放在更大的一鍋滾水上加熱。

BAKE 烘烤：將食物以不覆蓋的方式，放進烤箱內，依所需的溫度烘烤。

BAKE BLIND 空烤酥皮：就是在尚未填塞餡料的狀態下，先把糕餅的外皮烤熟。通常用在麵皮和內餡同樣需要加熱的時候。

BAKING PARCHMENT 烤盤紙：一種不沾紙，特別用在舖襯烘烤容器上。

BASTE 澆淋或塗抹油脂：在食物烹調的過程中，將液體澆淋或塗抹上去，以增添風味及保濕。

BATTER 麵糊：未加熱的可麗餅、煎餅、蛋糕的混合料，由麵粉、雞蛋、鮮奶所製成。也用來指稱，油炸餡餅等食物所用的蘸料。

BEAT 攪拌：用一種快速、規律的動作，將材料混合在一起，直到充分混合、質地均勻。可以使用攪拌器 (wire whisk)、湯匙、手動攪拌機 (hand beater)、電動攪拌機等工具。也用來將空氣打入麵糊中，使其膨脹，如舒芙蕾和麵糊(batter)。

BLANCH 汆燙：將蔬菜或水果，先浸泡在滾水中，再放進冰水中，以防被餘熱繼續加溫，同時達到鬆弛外皮，加強色澤的鮮豔度，去除澀味效用的烹飪方式。

BLEND 混合：將材料混合均勻之意。

BOIL 煮滾/在滾水或液體中煮：指將液體加熱到表面冒泡的程度。另一個意思，就是指在沸騰的液體(通常是水)中煮食物。水的沸點是100℃，但其他液體則不一定。

BRULEE 布蕾：將甜點放在烤爐下方，使表面的糖層焦糖化，形成硬脆的外殼。

CARAMELIZE 焦糖化：將糖和水一起加熱到190℃，直到糖漿成為深褐色，成為質地適合做成食物的糖衣。此外，也可以將糖撒在甜點上，放在烤爐下使其融化成焦糖狀(請參閱BRULEE)。

CHILL 冷藏：將食物放入冰箱，或放在冰水裡，使其保持低溫，或使其凝固變硬。

CHOP 切碎：將食物切成小塊，可用手切，或使用食物處理機。

COAT 塗層：用不同的材料，來包覆甜點的表面，如霜飾(icing)。

COMPOTE 糖煮水果：將一種或多種水果，放在糖漿內慢煮，通常添加了不同的調味。新鮮或乾燥水果，均可使用。

CORE 去核：將水果的中央果核去除，如蘋果和洋梨。可以指整顆水果，或水果切片的去核。

COULIS 庫利：已被過濾的果泥(purée)，通常加上了增甜劑(sweetener)，與少量的檸檬汁。

CREAM 乳化：將材料一起攪拌成膨鬆、柔軟而均勻的質地。一般最常指糖加入脂肪的乳化，如奶油。

CRYSTALLIZING 糖漬：用來描述裝飾用的水果或花瓣，先塗上稍微攪拌過的蛋白，再裹上糖。

DETREMPE 基本揉和麵糰：一個法文術語，意指為製作成起酥皮(puff pastry)，所初步混合而成的麵糰。

DICE 切丁：將食物切成小且大小一致的方塊狀。

DOUGH 麵糰：麵粉與水的混合料，柔軟而可塑性佳，且質地夠結實，可以整合成糰。

DROPPING CONSISTENCY 滴落硬度：這個術語，是指混合料的質地既柔軟到可以用湯匙舀起，再讓它滴落到烤盤等上面，但是又夠結實，可以塑型。

DUST 粉飾：將粉末狀食材，通常是糖或可可粉，淺淺地覆蓋在食物表面。

ENRICH 增添濃郁度：將鮮奶油、蛋黃、或奶油，加入麵糊或醬汁內，以增添濃郁的質地與風味。

FLAMBEE 澆酒火燒：將酒類加熱、點燃後，澆覆在食物上，酒精會燃燒蒸發，但食物中會保留其風味。

FOLD 混合：混合質地較膨鬆，含氣量多的混合料，與質地較厚重的混合料。混合時，將較膨鬆者加入較厚重的混合料裡，用大金屬湯匙或橡皮刮刀，動作輕柔地以劃「8」的方式混合，以防壓擠出裡面所含的空氣。

FRITTER 餡餅：小塊的食物，表面沾裹滿厚麵糊後，油炸而成。

FRY 煎炒炸：用熱的油脂(fat)加熱食物之意。「油炸(deep-fried)」，是將食物浸泡在油脂裡加熱。「嫩煎 (sauté)」或「油煎(pan-fry)」，是用剛好佈滿鍋底的油量，來加熱食物，以防食物沾鍋。

GELATINE 吉力丁：一種增稠劑，能使液體形成果凍狀。有片狀或粉末狀，可供選擇。

GLAZE 膠化：讓食物的表面，沾上一層薄薄的有甜味的液體，如融化的果醬，或杏桃果膠(Apricot Nappage)，等到凝固後，就會變得平滑有光澤。也指為糕點刷上牛奶或蛋水(egg wash)，使表面亮澤。

GREASE 刷或抹油脂：在某種器具內(如模型)塗抹上奶油或食用油，以免食物沾黏。

GRIDDLE 煎爐：一種平坦、無凸起邊緣、鑄鐵(cast iron)所製的鍋具，用來煎熟麵糊，做成煎餅或滴落司康(dropped scones)等食物。

GRIND 研磨：用研缽與杵，或食物料理機(food processor)，將乾燥食材變成粉狀或極細碎的狀態。

HULL 去蒂：將質地柔軟的水果，如草莓，去除其果蒂和果核。

ICE-BATH 冰水浴：將裝了食材的熱鍋底，浸入裝了冰塊與水的攪拌盆中，以中斷加熱過程。

IMBIBE 浸潤：讓蛋糕吸收調味過的糖漿或利口酒，以增添風味和滋潤度。

INFUSE 浸漬：將芳香的材料，如辛香料(spices)或柑橘果皮(citrus zest)，浸泡在液體內，以增添風味。

JULIENNE 細長條：將食物切成細長條，通常用在裝飾上，如橙皮絲或檸檬絲。

KNEAD 揉和：一種推壓、摺疊的技巧，使麵糰充份混合，質地變得結實、光滑，並能揉入空氣。

KNOCK-UP往上挺：邊用手指壓，邊用刀背敲，將派的邊緣做成凸脊的形狀。

LINE 模型鋪襯：就是在模型內塗抹上薄薄的油脂，如奶油或食用油，或是舖上麵粉、烤盤紙、或食物如法式手指餅乾(sponge fingers)，以防煮好的食物沾黏在模型上。

MACERATE 浸軟：在烹調前，將食物浸泡在液體中，如利口酒(liqueur)，或用辛香料調味過的糖漿，讓食物的質地變軟，並增添風味。

MARBLING 大理石條紋狀：藉由混合兩種不同的蛋糕麵糊，或兩種不同顏色的巧克力，來達到一種裝飾上的效果。

MARSALA 馬沙拉酒：一種西西里島所產的強化葡萄酒，可作為某些甜點的調味之用。

MOULD 用模型定型：將柔軟、可塑性佳的麵糊，倒入模型中，用冷藏或加入吉力丁的方式，來定型。

MOUSSE 慕斯：一種冷藏(chilled)料理，質地膨鬆而含有大量空氣，原料主要包括了，鮮奶、雞蛋、和糖。

PASTE 糊狀物：研磨成極細質地的食物，並且略微濕潤(moistened)過，以形成結實但能夠抹勻的質地。

PATE(pâte) 麵糰：這是指用來製作成糕點(pastry)的麵糰，如：甜酥麵糰(Pâte Sucrée)、油酥麵糰(Pâte Brisée/shortcrust pastry)、和油酥餅乾(Pâte Sablé)。

PITH 中果皮：柑橘類水果中，介於外層果皮(zest)和果肉之間的白色果皮，味道苦澀。

POACH 水波煮：將食物浸泡在液體中，以稍微低於沸點的溫度加熱。可以使用水、酒、糖漿、水波煮糖漿等。

PRICK 刺細孔：用叉子或刀子，在食物(通常是糕點或未削皮的水果)上打洞，讓內部的空氣或水分，可以在烘烤的過程中釋出，使烤好的甜點，質地均勻平滑。

PUREE 泥狀物：將固體食物，不論生熟，用食物磨碎器(Mouli)，或電動果汁機(electric blender)攪拌，然後過濾，處理成柔細黏糊狀，準備製作成甜點的醬汁或基底(base)。

QUENELLES 梭形：用2支湯匙塑型而成的橢圓形柔軟混合料，如冰淇淋或優格，通常是作為裝飾效果。

REDUCE 濃縮：不加蓋，快速地加熱液體，以蒸發液體，濃縮美味。

RIBBON 緞帶狀態：這個術語，是用來形容將蛋與糖的混合料，攪拌混合到極為濃稠的硬度。此時，舉起攪拌器，流下的混合料會形成濃稠而光滑的緞帶狀。

SCORE 劃切：烹調前，在食物的外皮上，如蘋果，劃上刀痕，以加強烹調效果，與增加美觀。

SIEVE 過濾：將食材經過濾器過濾，以稀釋混合液的質地，或去除碎塊。

SIFT 過篩：讓乾燥材料通過篩網等器具，使較大的結塊等留在網上，分離出細的粉末，並增加含氣量。

SIMMER 慢煮：讓液體維持在稍微低於沸點的溫度下加熱，也就是液體表面呈現顫動，而非冒泡的狀態。也用來指將食物，放在這液體中慢煮的狀態。

SKIM 撈除浮渣：用烹調工具如長柄杓(ladle)，撈除正在慢煮中液體表面的殘渣、油脂或其它雜質。

SOUFFLE 舒芙雷：一種以打發蛋白為主要材料的輕盈甜點，含有大量空氣。烘烤過會膨脹。

SWEAT 蒸焗：將水果放在液體中，用小火加熱，使其變軟，但還沒變褐色的程度。通常是用來製作派餅的水果內餡。

SYRUP 糖漿：加熱糖和水所形成的甜味液體。糖漿的用途多樣，取決於糖和水的比例，以及加熱溫度的高低。

TEMPER 調溫：將巧克力融化後，使其冷卻，加入油脂(fats)混合，再用來製作巧克力裝飾。

VANILLA ESSENCE/EXTRACT 香草精：香草製成的產品，有香草的風味，而毋須使用香草莢。

WHISK 打發：用攪拌器(wire whisk)，使用大力攪拌的動作(beating)，來混合材料，以使大量空氣進入。大部份用在液體上，而非乾燥食材。

ZEST：柑橘類水果最外面那層顏色鮮豔的外果皮。

索引 INDEX

216

專業用品供應商
SPECIALITY SUPPLIERS

THE GROVE BAKERY
28-30 Southbourne Grove
Bournemouth BH6 3RA
Phone：01202 422 653
Speciality：cake decorating
Supplies(fondant icing)

KEYLINK LTD．
Blackburn Road
Rotherham S61 2DR
South Yorkshire
Phone：01790 550 206
Speciality：chocolate(ingredients, equipment, moulds)

PAGES
121 Shaftesbury Avenue
London WC2H 8AD
Phone：0171 379 6334
Speciality：equipment

PETER NISBET
Sheene Road
Bedminister
Bristol BS3 4EG
Phone：0117 966 9131
Speciality：mail order source, equipment

DIVERTIMENTI
(MAIL ORDER)LTD．
P．O．Box 6611
London SW6 6XU
Phone：0171 386 9911
Speciality：equipment and ingredients

烤箱溫度 OVEN TEMPERATURES

攝氏 CELSIUS	華氏 FAHRENHEIT	瓦斯 GAS	說明 DESCRIPTION
110°C	225°F	1/4	冷
120°C	250°F	1/2	冷
140°C	275°F	1	很低
150°C	300°F	2	很低
160°C	325°F	3	低
170°C	325°F	3	中
180°C	350°F	4	中
190°C	375°F	5	中熱
200°C	400°F	6	熱
220°C	425°F	7	熱
230°C	450°F	8	很熱

容量 VOLUME

公制 METRIC	英制 IMPERIAL	公制 METRIC	英制 IMPERIAL
25 ml	1 fl oz (液盎司)	500 ml	18 fl oz
50 ml	2 fl oz	568 ml	20 fl oz/ 1 pint
75 ml	2又1/2 fl oz	600 ml	1 pint
100 ml	3又1/2 fl oz	700 ml	1又1/4 pints
125 ml	4 fl oz	850 ml	1又1/2 pints
150 ml	5 fl oz/ 1/4 pint(品脫)	1 litre	1又3/4 pints
175 ml	6 fl oz	1.2 litres	2 pints
200 ml	7 fl oz/ 1/3 pint	1.3 litres	2又1/4 pints
225 ml	8 fl oz	1.4 litres	2又1/2 pints
250 ml	9 fl oz	1.5 litres	2又3/4 pints
300 ml	10 fl oz/ 1/2 pint	1.7 litres	3 pints
350 ml	12 fl oz	2 litres	3又1/2 pint
400 ml	14 fl oz	2.5 litres	4又1/2 pint
425 ml	15 fl oz/ 3/4 pint	2.8 litres	5 pint
450 ml	16 fl oz	3 litres	5 1/4 pint

量匙 SPOONS

公制 METRIC	英制 IMPERIAL
1.25 ml	1/4小匙
2.5 ml	1/2小匙
5 ml	1小匙
10 ml	2小匙
15 ml	3小匙/1大匙
30 ml	2大匙
45 ml	3大匙
60 ml	4大匙
75 ml	5大匙
90 ml	6大匙

美式量杯 US CUPS

量杯 CUPS	公制 METRIC
1/4杯	60 ml (毫升)
1/3杯	70 ml
1/2杯	125 ml
2/3杯	150 ml
3/4 杯	175 ml
1杯	250 ml
1又1/2杯	375 ml
2杯	500 ml
3杯	750 ml
4杯	1 litre (公升)
6杯	1.5 litres

重量 WEIGHT

公制 METRIC	英制 IMPERIAL
5g (公克)	1/8 oz (盎司)
10g	1/4 oz
15g	1/2 oz
20g	3/4 oz
25g	1 oz
35g	1又1/4 oz
40g	1又1/2 oz
50g	1又3/4 oz
55g	2 oz
60g	2又1/4 oz
70g	2又1/2 oz
75g	2又3/4 oz
85g	3 oz
90g	3又1/4 oz
100g	3又1/2 oz
115g	4 oz
125g	4又1/2 oz
140g	5 oz
150g	5又1/2 oz
175g	6 oz
200g	7 oz
225g	8 oz
250g	9 oz
275g	9又3/4 oz
280g	10 oz
300g	10又1/2 oz
315g	11 oz
325g	11又1/2 oz
350g	12 oz
375g	13 oz
400g	14 oz
425g	15 oz
450g	1 lb (磅)
500g	1 lb 2 oz
550g	1 lb 4 oz
600g	1 lb 5 oz
650g	1 lb 7 oz
700g	1 lb 9 oz
750g	1 lb 10 oz
800g	1 lb 12 oz
850g	1 lb 14 oz
900g	2 lb
950g	2 lb 2 oz
1 kg	2 lb 4 oz
1.25 kg	2 lb 12 oz
1.3 kg	3 lb
1.5 kg	3 lb 5 oz
1.6 kg	3 lb 8 oz
1.8 kg	4 lb
2 kg	4 lb 8 oz
2.25 kg	5 lb
2.5 kg	5 lb 8 oz
2.7 kg	6 lb
3 kg	6 lb 8 oz

線性測量 LINEAR MEASUREMENTS

公制 METRIC)	英制 IMPERIAL
2 mm (公厘)	1/16 in (英吋)
3 mm	1/8 in
5 mm	1/4 in
8 mm	3/8 in
10 mm/1cm(公分)	1/2 in
1.5 cm	5/8 in
2 cm	3/4 in
2/5 cm	1 in
3 cm	1又1/4 in
4 cm	1又1/2 in
4.5 cm	1又3/4 in
5 cm	2 in
5.5 cm	2又1/4 in
6 cm	2又1/2 in
7 cm	2又3/4 in
7.5 cm	3 in
8 cm	3又1/4 in
9 cm	3又1/2 in
9.5 cm	3又3/4 in
10 cm	4 in
11 cm	4又1/4 in
12 cm	4又1/2 in
12.5 cm	4又3/4 in
13 cm	5 in
14 cm	5又1/2 in
15 cm	6 in
16 cm	6又1/4 in
17 cm	6又1/2 in
18 cm	7 in
19 cm	7又1/2 in
20 cm	8 in
22 cm	8又1/2 in
23 cm	9 in
24 cm	9又1/2 in
25 cm	10 in
26 cm	10又1/2 in
27 cm	10又3/4 in
28 cm	11 in
29 cm	11又1/2 in
30 cm	12 in
31 cm	12又1/2 in
33 cm	13 in
34 cm	13又1/2 in
35 cm	14 in
37 cm	14又1/2 in
38 cm	15 in
39 cm	15又1/2 in
40 cm	16 in
42 cm	16又1/2 in
43 cm	17 in
44 cm	17又1/2 in
46 cm	18 in
48 cm	19 in
50 cm	20 in

大廚聖經

法國藍帶糕點運用

法國藍帶巧克力

法國藍帶基礎糕點課

法國料理基礎中的基礎

法國糕點基礎篇 I

法國糕點基礎篇 II

法國麵包基礎篇

法國料理基礎篇 I

法國料理基礎篇 II